赵兴波　编著

散养鸡的365天

The scientific Stories for free-ranged chickens

中国农业出版社
农村设物出版社
北　京

图书在版编目（CIP）数据

散养鸡的 365 天/赵兴波编著 .—北京：中国农业出版社，2019.12（2020.4 重印）

ISBN 978 - 7 - 109 - 25850 - 1

Ⅰ. ①散… Ⅱ. ①赵… Ⅲ. ①鸡-饲养管理 Ⅳ. ①S831.4

中国版本图书馆 CIP 数据核字（2019）第 185791 号

散养鸡的 365 天

SANYANGJI DE 365 TIAN

中国农业出版社出版

地址：北京市朝阳区麦子店街 18 号楼

邮编：100125

责任编辑：程　燕

版式设计：王　晨　　责任校对：刘飏雨

印刷：中农印务有限公司

版次：2019 年 12 月第 1 版

印次：2020 年 4 月北京第 2 次印刷

发行：新华书店北京发行所

开本：880mm×1230mm　1/32

印张：6.5

字数：165 千字

定价：55.00 元

散养鸡的365天>>>

编委会名单

主　编　赵兴波

副主编　陈丝宇　向　海

张　凯

参编人员　张　卉　朱　旭

李会民

前　言

人的一生总会遇到许许多多的事，邂逅形形色色的人，从而构成我们平凡而曲折的一生。

鸡的一生也是这样吗？

家鸡的祖先是来自热带丛林里自由生活的原鸡。据科学家们进行的DNA的研究考证，鸡早在1万年前的中国华北平原就开始被驯化。

鸡的“出身”各不相同。有的鸡出身“高贵”，凤头、毛腿、五爪、胡子嘴彰显着“皇族”气质，也因此成为帝王时期皇家御用食材；有的鸡出身“贫寒”，游离于乡间野外，自由觅食。相对于人类，鸡的一生太短暂了，由于生长环境不同，它们的体形外貌也各具地方特色。它们短短的一生只为产蛋或产肉，往往还没来得及感受“成长的烦恼”就结束了一生。

鸡在历经了主人细心呵护的“婴儿期”后，接下来懵懂的早期印记期是大脑高度可塑期，与此后“八仙过海各显神通”的个性形成息息相关，之后再到产生性激素的“青春期”，形成了成年鸡对爱情与喜怒哀乐的感知，然后到真正品尝乐果和承担责任的性成熟期，最后落下帷幕。

据统计，全世界每年要消耗上百亿只鸡，我国每年的消费力也很惊人。各种类型的鸡肉，比如炸鸡块、炖鸡、炒鸡是我们的生活中离不开的。

本书介绍了鸡的一生，从出生前的孵化期，到诞生后的保温期、育雏期、半育成期、育成期展开叙述。在注重引用科学文献、提供科学证据的同时，向读者展示曾经耳闻但并不确认的鸡的“逸事”。希望给禽产品消费者和关注动物健康与福利的广大读者，展示来自生产与科研一线的见闻。

这本养鸡见闻得到中国农业大学新农村发展研究院贵州纳雍教授工作站、河北广宗教授工作站的全力支持。付梓之际，特向贵州省纳雍县许晓鹏县长、毕节市畜牧兽医科学研究所张习本副所长、贵州纳雍源生股份有限公司全体同仁，以及河北省广宗县孙善凯副县长、扶贫办赵宁主任，中国农业大学党委统战部赵竹村部长，北京绿多乐生态农业有限公司鲁凤岐董事长、齐维天经理表示诚挚的感谢！

赵兴波

2018年6月24日

目　录

一、破壳而出的生命——孵化

一场如约的“邂逅”

2014 年 12 月 10 日　晴　3 ℃ /−6 ℃

以中国农业大学为起点，一路行驶，我们经历了 3 小时的路程，终于到达绿多乐农业有限公司旗下的绿嘟嘟生态牧场。农场位于北京市顺义区张镇雁户庄村文明街 1 号。远离大都市的喧嚣，这里尤为安静，不远处还能依稀看到高低起伏的小山坡，能闻到清幽的花香、听到鸟儿清脆的叫声，还有湍湍的溪流从身旁流过。就生态养殖场而言，选址在这里再合适不过了。

绿嘟嘟生态牧场

这些鸡舍错落在挺拔的白杨树间，绿草环绕，远远望去恍惚间真像是童话故事里出现的“小房子”，但实际上它们的居住者都是北京油鸡。我们打算在绿嘟嘟生态牧场完成关于北京油鸡饲养模式的对比实验。

白色的北京油鸡在鸡群当中显得颇为独特

论种蛋的重要性——“赢在起跑线上”

2014 年 12 月 11 日　晴　3 ℃ /－4 ℃

今天我们征得了农场场长的同意，在管理员的带领下参观了北京油鸡的蛋库。管理员向我们介绍：“通常鸡蛋在夏季室内常温下能保存 10 天，在冬季则为 15 天，而蛋库常年开着空调，将温度控制在 2～5 ℃，鸡蛋能保持 40 天。”我们进一步了解到，如果鸡蛋超过保质期，其新鲜程度和营养成分都会受到一定影响。

我们在农场的一个鸡舍里面找到一个“坏蛋”

此次在绿嘟嘟农场开展的试验，我们没来得及从孵化开始着手，而是直接从北京油鸡的种鸡场里购买了刚孵化出来的鸡苗。

其实挑选种蛋理应是我们实验的项目之一，会为后续实验开展做好铺垫——尽可能地挑选出具有相同遗传背景的鸡蛋，即它们的“父母”都尽可能地是同一对，或者是同一个父亲与同一家系的不同“姊妹”交配，且这些“姊妹”的父母都是同一对。这样既可以保证实验鸡群的均一性，减小试验误差，使实验数据更具有科学性和说服力，而且便于管理。当然，为了实验的顺利开展，用以孵化我们鸡苗的种蛋也都在我们的要求下基本满足了以上条件。

为什么选在正月挑选种蛋孵化呢？这也是有科学依据的。自夏朝（公元前2100至1600年）以来，就有“正月，鸡桴粥”的说法，意思是正月是孵化小鸡的最好季节，母鸡也多选择在正月里下蛋孵化，此时育雏的孵化率和出雏率高，因为春暖花开利于雏鸡发育。直到现在，鸡的孵化育雏仍以正月种蛋为优。这也符合自然界鸟儿的繁殖规律。据说这个时期，光照刚好，温度适宜，食物充足，一切都恰到好处。

选择种蛋时，我们发现蛋壳的颜色多种多样，有可爱的粉红色，也有光洁的白色，有介于红色和黄色之间的过渡色，也有更深一点的粉褐色等。

北京油鸡的鸡蛋壳颜色多种多样

关于鸡蛋壳的颜色，并不一定是“什么颜色的鸡下什么颜色的蛋”这么简单。蛋壳颜色取决于母鸡的种类，但并不是区分营养价值高低的标准，蛋黄情况、营养价值取决于母鸡的情况（如身体状况、饲料质量等）。同样的饲养条件、同样身体情况的棕色母鸡和白色母鸡，鸡蛋的营养价值几乎相同，跟蛋壳颜色毫无关系。其实所有的蛋壳颜色最初都是白色，在蛋壳形成阶段的后期，部分种类的母鸡会分泌色素，使蛋壳变成不同的颜色。色素仅仅附着在外表面，剥开蛋壳，内表面依然是白色的。

所以，所谓的“红皮鸡蛋比白皮鸡蛋营养价值更高”的言论是没有科学依据的。

不同品种的鸡下的蛋颜色也不一样

挑选种蛋时，要尽可能在保证遗传背景相同的前提下，选择近千枚体积相近的、蛋壳无斑点的鸡蛋，然后经过简单的消毒程序之后，将蛋送往孵化室里的孵化箱。小鸡的孵化通常有自然孵化（母鸡孵化）和人工孵化两种方式。从动物福利的角度来说，自然孵化当然是最好的，可以为种蛋提供适宜的温度和湿度，但由于我们用于试验的种蛋数量庞大，这种方法显然不适用。自然孵化的温度以母鸡体温为标准，人工孵化的温度约为 37.8 ℃。

小鸡的孵化期约为 21 天，接下来的这段时间里，我们还会做大量的工作，以确保种蛋能顺利孵出小鸡。

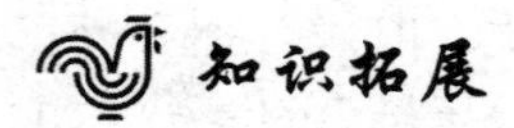

知识拓展

先有鸡，还是先有蛋?

亘古以来，就有一个问题一直困扰着哲学家们——“先有鸡，还是先有蛋?”

刚刚出壳的小鸡

每一枚蛋都是鸡生出来的，而每一只鸡又是从蛋里面孵出来的，所以究竟是先有鸡，还是先有蛋呢？我们先来捋一下思路：鸡是一种家禽，也是鸟类动物，鸡蛋是带有硬壳的卵，由鸡的受精卵逐步发育而来。但我们知道，产蛋并非鸟类的专利，爬行动物，如蛇、鳄鱼、乌龟等也都产蛋。如果追溯到恐龙，鸟类动物还被认为是由恐龙演化而来的，而当时的恐龙也会产蛋。所以，从演化的角度而言，“蛋”的出现比鸡的出现要早得多，但这个“蛋”并非鸡蛋。

显然，这样的回答似乎不能令人满意，人们或许是想知道，究竟是先有鸡蛋，还是先有鸡。我们仍然从演化的角度来分析：当历史上第一只鸡出现时，它叫什么名字？而它孵出的第一只蛋，又该叫什么名字？这个问题确实令人难以回答，该叫第一只鸡“原始鸡”吗？还是生出这只鸡的母亲才叫“原始鸡”？孵出的这个蛋该叫它“原始蛋”，还是叫“鸡蛋”？

也许我们都想错了，这世界上根本没有所谓的“第一只鸡”，演化史上，生物的演化更多是连续的，没有“第一只鸡” “第一只爬行动物” “第一只哺乳动物”……甚至无法在一条直线上抓出一个点，然后说这是第一个点。因而，这个问题的探讨似乎进行得不太顺利。但也有科学家仍孜孜不倦地希望用实验来探究这个问题。

英国华威大学的马克·罗杰教授与大卫教授在帮助谢菲尔德大学进行实验研究时发现，形成鸡蛋硬壳的关键鸡肉蛋白“OC-17蛋白”（ovocleidin-17，是加速蛋壳发育的催化剂，而蛋壳是保护蛋黄与蛋白不可或缺的因素，可以让胚胎在里面充分发育，被确认为是帮助碳酸钙形成蛋壳中方解石结晶的必需物）的存在，它贯彻了整个蛋壳的形成过程并起到了催化的作用，这使得他们认为在“先有鸡，还是先有蛋”的问题里首先存在的是鸡，或者确切地说是OC-17这种鸡肉蛋白。约翰·布鲁克菲尔德（John Brookfield）与大卫·帕皮诺（David Papineau）教授认为，在世界上第一只鸡出现后，在它之前也必定需要并有一颗能够孵出它来的蛋。生物学家迈尔斯进一步指出了前者在研究中的瑕疵，称其他的鸟类会使用与OC-17不同的蛋白质来制造鸟蛋，而且OC蛋白的演变并不能够与鸟蛋的演变相吻合。OC蛋白是从一种古老的蛋白质演变而来，这种蛋白质在鸟类分支从爬行动物分离出来之前便开始参与制造动物的蛋。

进化论表示，物种在通过一定时间的突变以及自然选择后，最终可以得到进化。这使得人们相信在历史上的某一刻，某一种像鸡但不是鸡的物种，由于基因突变，产出了第一颗“鸡蛋”。

但是，当一个个体发生了某些突变，并不能认为它就成了一个新的物种。单个的个体与母体分离并且使得它们之间再也不能够交配，这才是新的物种形成的必要条件。这通常也是家养物种同野生祖先们的分离过程。这些完全遭到分离的族群才能够被称为是新的物种。现代家养鸡往往被认为起源于红原鸡，不过最新的研究结果表明，家养鸡是由灰原鸡与红原鸡杂交得来的。如果鸡蛋是后者的情况下出现的话，那么根据前面所提到的新物种的定义，可以得出这世上是先有鸡蛋，再有鸡的结论。

受进化论的启发，我们可以做一个更宏观的思考。鸡与鸡蛋的关系可以推广到鸟与鸟蛋的关系，如果不断追根溯源，就可以找到这样一个进化链：细胞→最早的生命→最早最低等的动物→能够进行有性生殖的动物→最低等的卵生动物→较高级的卵生动物（如两栖动物、爬行动物）→鸟类。而每一个物种都有一个内部循环，使其一代一代地繁殖，又在繁殖中不断进化，与此同时，这样的内部循环也在不断改变。换言之，物种的进化就是一个物种的内部循环衍生出另一物种的内部循环，当这两个循环无法“融合”时，新物种就产生了。从这个角度理解，就会发现鸡与鸡蛋无非是一个循环中的两个不同的元素，少了其中任何一个，这个循环都无法继续存在。因此，鸡与鸡蛋不存在孰先孰后的问题。

另一方面，如果从生物个体的角度分析，就会发现，对于同一个个体来说，鸡蛋和鸡（孵化后的鸡）分别是它生命的两个不同的阶段。这就好比对昆虫而言，个体会经历虫卵、幼虫、成虫等阶段。因此，对单一的鸡的个体而言，是先有蛋，再有鸡。

众说纷纭，答案仍然存疑，对于我们而言，与其喋喋不休地“争论”下去，倒不如享受鸡和鸡蛋带来的美味和营养价值更惬意些。

照　蛋

2014 年 12 月 15 日　晴　4 ℃ /−6 ℃

今天是孵化期的第八天，也是头次照蛋的时间。我们的工作就是通过照蛋来观察胚胎的发育情况，筛除无精蛋、死胚蛋和破壳蛋等。

那么照蛋过程是怎样的呢?

首先，我们要根据孵化量安排照蛋人员。孵化期的鸡蛋就像人类的胎儿一样，也需要小心翼翼地呵护，所以每次从孵化箱中取出的鸡蛋不能太多，最佳方式是“检一盘取一盘”，照蛋结束后，再立即放回孵化箱。照蛋的时候也要动作轻柔，避免碰破蛋壳。

照蛋时间不宜过长，最好不超过 20 min，这是由于鸡蛋从孵化箱中取出来以后，热量容易散失，将不利于孵化。

我们与农场（贵州纳雍源生牧业）的工作人员一起照蛋

其次，除了照蛋员，还需要配备照蛋盘、照蛋台和照蛋器，以及若干盛装无精蛋和死胚蛋的容器。如果条件允许，还可以设置专用的照蛋室，农场里面的照蛋室面积约 30 m^2，含遮光窗帘，温度一般为 25 ℃。

如果在受精蛋中是发育正常的胚胎，则血管网鲜明，颜色鲜艳发红，呈放射状分布，扩散面约占蛋体的 4/5。在照蛋时，可以看见一个明显的黑色小点，俗称“单珠”，在照蛋器的打光下，它看起来就像明月自海面而出一样，当空悬挂，向四处散发光芒。

如果遇见的是死胚蛋，又是另外一番景象。死胚鸡蛋在光线映照下，颜色比受精蛋更浅，由于是死胚蛋，所以无法发育出放射状的血管，但是会出现不规则的血弧、血环，看上去就像残缺的月亮。

倘若是无精蛋，在照蛋时则会看到它通体发亮，透过光只能看见蛋黄的影子，像一片荒芜的原野。

通常照蛋在晚上进行，透过光线，胚胎能很容易被看到，鸡胚仿佛在羊水中上下浮游，俗称“浮”；卵黄也已经扩大到背面，在转动鸡蛋时，两侧的卵黄不易晃动，也称“边口发硬”。我们将确认好的受精蛋送往孵化箱孵化，等待下次的照蛋。

在距离上次照蛋过去 10 天后，便是复检的日子，即第二次照蛋，目的是为了对检出的胚蛋进一步筛查，检出漏检、错检的胚蛋。

由于第二次照蛋时蛋壳更容易破碎，因此我们需要格外小心。

18 胚龄时，如果是死胚，则边缘模糊，且在气室周围看不见暗红色的血管，部分鸡蛋的颜色较浅，在小头处会发亮；如果是正常的活胚，则在照蛋器的照明下，呈现黑红色，边界弯曲，周围伴有粗大的血管。我们发现鸡蛋的气室常常向一方倾斜，这是胚胎转身的缘故，俗称“斜口”或“转身”。灯光映照下，鸡胚几近填满整个蛋壳的空间，这像极了泛着波光的海，又像孕育

照蛋过程正在有条不紊地进行着

了珍珠的蚌，承载了生命的饱满。

继第二次照蛋之后，接下来的程序叫“落盘”，即在孵化期的第 18 天和第 19 天，将鸡蛋移到出雏盘上。

落　盘

落盘的蛋需要平整码放在出雏盘上。如果落盘的蛋数太少，则会导致温度不够，从而延长出雏时间；如果落盘的蛋数太多，又会造成热量不易散发和新鲜空气不足，容易把胚胎烧死或闷死。蛋间距离过大，抽盘时又很容易相互碰撞，造成鸡蛋破损，也不利于出雏。所以落盘是一个技术活。

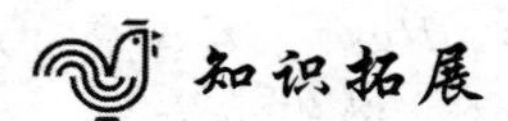

鸡的起源驯化

在探讨了“先有鸡，还是先有蛋”的问题之后，我们又将目光投向鸡的起源驯化。

鸡是人类较早驯养的动物之一，作为伴随人类农业文明起源和发展的重要家禽，其起源、驯化和扩散完全伴随人类活动而实现。

根据古文献记载与考古发掘的家鸡遗存的分子研究证明，早在约7 000年前的中国北方，人们已经开始有选择性地饲养或驯化家鸡。此后又在伊朗、叙利亚等西亚国家和希腊、土耳其、罗马尼亚和乌克兰等东欧地中海区域发现早于莫亨约·德罗遗址的含鸡骨骼的诸多遗址，证明家鸡的起源驯化时间比达尔文定义的要早4 000多年。

中国家鸡的起源与驯化史一直是史学家们研究和争论的焦点之一，直到中国野生的“茶花鸡”被证明是红色原鸡，即家鸡的祖先。在分类学上，家鸡属鸟纲(Aves)、鸡形目（Galliformes)、雉科（Phasianidae)、原鸡属（*Gallus*)。原鸡属包括4个原鸡种，分别是分布于印度次大陆北部、东北部及东部，中国南部，东南亚，苏门答腊及爪哇的红色原鸡（*Gallus gallus*，

G. gallus），分布于印度尼西亚爪哇的绿领原鸡（*Gallus varius*，*G. varius*），产于印度西部和南部的灰色原鸡（*Gallus sonneratii*，*G. sonneratii*）及分布于斯里兰卡的黑尾原鸡（*Gallus lafayetii*，*G. lafayetii*）。其中红色原鸡包括5个亚种，它们分别主要分布于印度支那半岛、泰国、苏门答腊的 *Gallus gallus gallus*（*G. g. gallus*）亚种，分布于印度尼西亚爪哇岛的 *Gallus gallus bankiva*（*G. g. bankiva*）亚种，分布于越南北部及中国云南东南部、广西西南部、广东雷州半岛的徐闻、海南岛的 *Gallus gallus jabouillei*（*G. g. jabouillei*）亚种，分布于克什米尔至阿萨姆和印度中部地区的 *Gallus gallus murghi*（*G. g. murghi*）亚种和分布于中国云南西部和西南部、印度支那半岛、缅甸和马来西亚北部的 *Gallus gallus spadiceus*（*G. g. spadiceus*）亚种。

关于中国鸡的驯养史，《养禽学》认为："我国鸡的驯化史距今约3 000年。"周本雄提出："中国鸡的驯化史，约在公元前5 000年（即新石器时代）。"

中国培育地方品种鸡的历史悠久，已多见于古文献记载。

春秋已选育成"斗鸡"。《左传·昭公二十五年》载："季、郈氏之鸡斗，季氏介其鸡，郈氏为之金距。"《庄子》载："斗鸡处，年沟之鸡。"

战国时在齐国的临淄，"斗鸡走狗"成为娱乐活动的项目，战国时已有"越鸡"；《庄子·庚桑楚》记载"越鸡不能伏鹄卵，鲁鸡固能矣"，此时又有"鲁鸡"，故此两种鸡为中国最古老的鸡种。秦汉时，中国最古老的鸡种是"郓鸡"和"蜀鸡"。

秦汉时字书《尔雅》载有："鸡三尺为鶤"。郭璞注

农场养的斗鸡，总是很不合群

不是斗鸡也争斗

《尔雅》时称："阳沟巨䳘，古之名鸡。"其特征为身高三尺（古尺），长颈赤喙，毛兼黄白。"蜀鸡"是我国最古的鸡种之一，《尔雅》中记载："鸡大蜀者，今蜀鸡"。一说，蜀鸡产于中国山东、四川。《后汉书·东夷传》还记载有"长尾鸡"和"细尾鸡"。《魏志》也有同样记载。

西晋时代有“荆鸡”。《广志》记载：“大者蜀，小者荆。”以体形小见称于世，是中国古老的鸡种之一。“翻毛鸡”亦称“菊花鸡”，因形似菊花，产于中国的广东、广西。

唐代有“乌骨鸡”的记载，《长庆集》中提到：“贡双鸡、四联、乌骨。”乌骨鸡产于江西秦和、福建泉州，故又称“泰和鸡”“丝毛鸡”。但现在很多地方品种都有乌骨特性。

宋代有“枕鸡”。《岭外代答》记载：“钦州有小禽一种，向晨必啼，入置枕间，故曰枕鸡。枕鸡朱冠金距，引吭长鸣，置枕畔报晓。”

明代，李时珍在《本草纲目》中记载：“辽阳一种食鸡，一种角鸡，朝鲜一种长尾鸡，南海一种石鸡，南越一种长鸣鸡，一种矮鸡，脚才二寸许。斑毛乌骨鸡，白毛乌骨鸡，黑毛乌骨鸡……入药更良。”

清代的地方品种鸡有“文昌鸡”“摆夷鸡”“柴鸡”“威远鸡”“芦花鸡”“边鸡”“斗鸡”“小国鸡”“八宝鸡”“候鸡”“昌国鸡”“赤山白鸡”“潮鸡”“九斤黄”“里十二”“北山鸡”“关东鸡”“油鸡”“五时鸡”等。

关于鸡的驯化年代，中国的古文献中记载也有很多。相传“日中神鸡，出东方，神鸡鸣乃天下鸡皆鸣”“玉衡星精散为鸡”，这些虽为神话传说，却侧面反映了中国鸡的驯化历史。

早在黄帝轩辕时代，已有“教民囿养鸟兽”，饲养“六畜”的记载。六畜即马、牛、羊、鸡、犬、豕。黄帝以后的尧、舜、禹时代（公元前2600—2100年），已经发展到了氏族公社的中后期，农牧业生产有了一定的发展，在部落首领统治时，专门设置了官职管理养禽业。当时已有“益为虞、掌驱禽”，“益”为伯益，虞舜的臣子，为虞舜管理家禽。

夏代（公元前2100—1600年），《夏小正》一书记载了鸡的习性，并对母鸡的自孵本能作了描述“正月，鸡桴粥”，指出母鸡下蛋自孵鸡雏，同时又观察到“正月”是孵化小鸡的最好季节。这一认知为后人所采用。正月时气候正值春暖花开，利于雏鸡发育。直到现在，鸡的孵化育雏仍以正月种蛋为优。

殷商时期（公元前1600—1027年），中国的甲骨文字出现，使“六畜”见诸甲骨文字的刻画，其中包含鸡的象形字。这一时期，迷信盛行，常用鸡来祭祀天地、祖宗、鬼神，郭沫若曾解释“鸡”字从系，以绳系饲养。

周代（公元前1066—771年）关于养鸡的记载多见于史书。《周礼·天官·太宰》记录，已有鸡人官。“春官鸡人”，职责为“鸡人掌共鸡牲辨其物、大祭祀”。同时指出了鸡狗宜养的地区，“正东曰青州，其民二男二女，其畜宜鸡狗”。当时的青州，位于中国现今山东西部和徐州地区，西周的家禽养殖已经很普遍，官府也十分重视，当时人们的肉食来源主要为猪、羊、鸡、犬等。

春秋战国时期（公元前770—221年），中国的养殖业十分普遍且很繁盛，出现了大的养鸡场，尤其在长江下游的吴、越二国甚为兴旺发达。“娄门外鸡陂墟，故吴王所畜鸡，使李保养之，去年二十里……鸡山在锡山南，去年五十里”，这是越王勾践伐吴奖励士兵的养鸡地，也是史料首次记载的中国最早的大型养鸡场。《孟子·梁惠王上》记载“鸡豚狗彘之畜，无失其时，七十者可以食肉矣”。在二十四节气上，有“大寒之日鸡始乳”之说。

汉至魏晋时期，中国的养鸡业已经进入了一个昌盛的时期，养鸡技术和管理上的成熟，在世界上已很先进了。一个祝鸡翁，养千余只鸡，每只鸡都被驯养得十分灵敏，“皆有名字，呼名则种别而至”。由此可见，汉魏时的养鸡经验已十分丰富，管理技术也十分高超，为后世养鸡界所称道。

古代养鸡技术渐趋成熟，养鸡业不断发展，又加上不断总结经验，从而出现了《相六畜》《相鸡经》《鸡谱》等专书。北魏贾思勰《齐民要术》成为有代表性的“百科全书”，对世界影响很大。

中国是一个古老而又文明的国家，也是世界第一养鸡大国，品种资源丰富，遍布全国。我国与世界交往和商品贸易的历史源远流长，形成的地方品种鸡不断销往国外，对世界上鸡的品种培育和改良做出了重大贡献。日本就有很多鸡种是由中国传入的。隋唐时期，日遣唐使从中国带回了郓鸡；日本雄略天皇（公元 457—480 年）曾从中国引进矮鸡；日本德川初期，中国商人曾将乌骨鸡运往日本，南京的斗鸡、矮鸡也先后输出。《日本养鸡史》曾根据很多历史文献证明中国鸡对日本鸡的影响，如日本的“长世长鸣鸡”“小国鸡”“昌国鸡”，都是从中国引进的。通过日本的史学家和人类学者的研究证明，这些鸡种来自我国长江以南。“昌国鸡”的“昌国”，就来自中国舟山群岛的古名。中国鸡种的输入对改良日本的鸡种曾起过积极作用，尤其是当今日本的观赏鸡种大都来自中国或具有中国鸡的血统。我们相信，随着文化的交流，将有更多品种的鸡走向世界的舞台。

人工孵化——“鸡既鸣矣，朝既盈矣”

2017 年春天，我们来到了美丽的贵州纳雍源生牧业种鸡场，开展孵化的实践工作。纳雍县是国家攻艰扶贫的大本营，以畜牧作为产业支撑，为全县开创了很多就业机会。

需要留意的是，并不是每颗鸡蛋都能够孵化出小鸡，只有受精的鸡蛋，才有可能孵出小鸡。普通情况下，我们无法得知一颗鸡蛋是否受精或者了解受精蛋的发育状况，于是就需要借助照蛋的程序来帮助我们识别。

照蛋是了解胚胎发育以及孵化条件是否合适的最简便的办法，也是孵蛋过程中必不可缺的重要环节。照蛋，即在黑暗条件下，用照蛋灯对鸡蛋进行透视，以检查鸡胚发育情况，剔除未受精蛋和早期死胚蛋。

关于照蛋，细心的科研工作者们特意编了一首朗朗上口的“诗”来帮助人们记忆：“一日起了珠，鱼眼黄申浮；二日樱桃起，心脏开始动；三日血管成，‘蚊子’在黄中；四日定了位，样似小蜘蛛；五日长软骨，黑眼显单珠；六日胎盘动，头躯成双珠；七日离了壳，沉入卵黄中；八日边口硬，胎在蛋内浮；九日嘴爪分；头尾来回动；十日显毛管，血管始加粗；十一腹毛生，尿囊全合拢；十二毛长奇，上下颚分明；十三躯体长，气室分外明；十四蛋白少，白朝嘴里进；十五体长大，头朝大端伸；十六绒毛爽，骨长鳞爪呈；十七肺发育，小端已封门；十八已斜口，鸡雏待转身；十九见起影，已行肺呼吸；二十闻鸡叫，陆续破壳膜；二十一雏出，发育始结束。”

即使是外行人，也能轻易地从字里行间读懂鸡蛋中胚胎的发育过程。鸡胚的发育速度之快，出人意料，从第一天一直到第二十一天，每天都有新的变化。第一天就能观察到鸡的受精卵，第二天即可以看见鸡胚的心脏在跳动，第三天血管网开始呈现放射状分布，第四天血管网的形状使其在灯光下看起来像蜘蛛……第十九天成形的小鸡已经可以使用肺部进行呼吸，第二十天可以隔着蛋壳听见小鸡的叫声，第二十一天小鸡就破壳而出了。

孵化期的“胎动”

俗话说“二十闻鸡叫，陆续破壳膜”，20 胚龄时，已经能听见小鸡的鸣叫。这是由于胚胎喙部穿破壳膜，伸入气室，开始啄壳了，这种现象称为“起嘴”与“啄壳”。

如果是在自然孵化状态下，小鸡的叫声就是在传达“我要和这个世界见面啦”的信息，而母鸡也会积极给予回应，“鼓舞”小鸡破壳而出，“母子”间会隔着蛋壳进行“对话”，就像我们人类胎儿出生之前，母亲给予胎教，胎儿也会对外界作出回应与反馈一样。

部分科研工作者经过统计，发现和“母亲”交流的小鸡出壳率比人工孵化的出壳率更高一些，尽管两者之间的差异并非很显著，这也侧面说明了“交流”的重要性。

安能辨我是雄雌?

从选蛋到照蛋，从胎检到看到胎动，小鸡们终于要破壳而出了，我们将目睹这生命的奇迹。

“小鸡性别鉴定师”这一职业，顾名思义，就是鉴定刚孵化的小鸡性别的工作。由于小鸡的性别特征相当不明显，因而这一职业需要鉴定师有过人的眼力。鉴定

与小鸡亲密接触

师在确认小鸡性别时，需要用拇指把小鸡的屁股掰开，所以动作不熟练的，总会出现“掐死”“掰死”小鸡的事故。除此之外，有很大的概率会碰上小鸡排粪，弄得满手都是也是常见状态。

虽然在别人看来这样的工作有些“脏”，但收入却很可观。经验丰富的鉴定师只需 2 秒就可以判断出一只小鸡的性别。在台湾，鉴定一只小鸡可以赚 6 角钱（新台币，下同），一般 1 个小时可以看 1 000 只以上，时薪高达 600 元新台币，年薪一度可达百万元。不过入行门槛虽然低，但合格的鉴定人员却很少，所以这也是这个行业人员缺乏的原因之一。在大陆，“小鸡性别鉴定师”日收入 1 000 元人民币为正常，是名副其实的高薪职业。

二、襁褓中的宝宝——育雏

育雏期——“温室里的娇花”

2015 年 1 月 5 日　晴　6 ℃ /−5 ℃

我们养的这批北京油鸡刚好是开年之际出壳的。

小鸡的生长阶段分为育雏期和育成期。

育雏期一般是指 0～4 周龄，现在的小油鸡们正处于育雏期。育雏期又称给温期，即雏鸡需要借助供暖维持体温的生长初期。这是由于刚破壳而出的小鸡们很“脆弱”，体温调节机能尚未健全，此时它们的体温要比成年鸡低 3 ℃，直到 4 日龄时才开始升高，在 10 日龄时才能达到成年鸡的体温，加之绒毛短，御寒能力差，进食量少，所以产生的热量也少，不能维持生活的需要，需要通过人为供暖来保证它们生存所需的适宜温度。听起来，小油鸡们还挺像“温室里的娇花”。

前面提到过，大多数观点都认为，现在家鸡的祖先是生活在东南亚热带丛林的红原鸡。长期生活在热带丛林里，鸡自然习惯了高温的环境。有很多科学家总是想方设法地给红原鸡或者茶花鸡搬家，但都苦于它们极惧寒冷未能实现。

适宜的温度是保证雏鸡成活的首要条件。说起供温，也是很讲究的。初期要维持高温，后期则要降低；小群体时温度要高，大群体时，则温度要低；弱雏温度要高，强雏则温度要低；夜间温度要高，白天则温度要低，以上高低温度之差为 2 ℃。此外，

我们的“掌上明珠”（齐维天/摄）

雏鸡舍的温度要比育雏器内的温度低 5～8 ℃。

当然温度也不是一成不变的，可以适当调整。查看温度是否适宜，最直观的办法就是看小鸡们的表现。当温度适宜的时候，小鸡们相当活泼，食欲良好，饮水次数适度，羽毛光滑且整齐；当温度过高时，它们则会出现嘴和翅膀张开的模样，呼吸也较急促，频繁喝水，和我们人类感到热时的表现一样；而温度过低时，小鸡就会聚拢扎堆用来取暖，羽毛呈现竖立的样子。

育雏的环境因素

2015年1月16日　晴　4℃/−8℃

温度只是环境控制中的一个方面，其他方面的因素也不容忽视。湿度、光照、通风、密度等，都会直接影响小油鸡的生长发育，如何调控好这些因素则是育雏的关键。

育雏舍最适宜的相对湿度为60%～70%，虽然不像温度要求那样严格，但控制不好也可能对雏鸡造成危害。如果育雏舍的湿度不够，雏鸡出雏时又长时间喝不上水，就很容易脱水死亡，脱水时的症状表现为绒毛脱落、消化不良；湿度过高也不利于雏鸡成长，当湿度高于75%时（夏季高温高湿，冬季低温高湿）会导致雏鸡死亡率上升。

科学正确地光照可以促进雏鸡骨骼的生长发育，帮助它们适时达到性成熟。光照主要影响雏鸡对食物的摄取与休息。刚出壳的雏鸡，视力还比较弱，加上消化道容积小，食物在其中停留时间短（约3h），因此为了帮助它们快速找到食物并多次采食以满足对营养的需求，就需要有较长时间的光照并加强光照强度。

光照分为自然光照和人工光照，自然光照就是太阳光，它受天气和所在纬度的影响，太阳光的强弱和光照时间在一年中变化很大。如北京地区6～8月的日照时间为14～15h，12月到第2年1月为9h。

通常雏鸡饲养采用密闭式的育雏舍，完全使用自然光照的话，不利于雏鸡的生长，必须在此基础上使用人工光照（如灯光）补充。人工补光也要稳定时长，不能时长时短，以免造成刺激紊乱，失去光照的作用。原则上，光照时间会随着日龄增加而减少，以免性成熟过早，影响以后生产性能的发挥。0～2 日龄每天要维持 24 h 的光照时数；3 日龄以后逐日减少；14 日龄以后至少也要维持 8 h 的光照时数，光照强度 10～15 lx；20 周以上维持 10～30 lx。

良好的通风有利于雏鸡健康发育。都说“一年之计在于春”，新诞生的雏鸡们好比初升的太阳，新陈代谢旺盛，所以呼出的二氧化碳量很大，且小鸡的粪便中有某些物质会被空气中的微生物利用反应，生成有害气体，如无色无味的二氧化碳和有刺激性气味的氨气、硫化氢等。此外，使用煤炉供暖时，会产生一氧化碳，且燃烧产生的粉尘含量过高，也会携带病菌。通风不良的情况下，这些气体和病菌直接导致舍内空气质量下降，空气不流通时，也容易传播疾病，并损害雏鸡的皮肤、眼结膜、呼吸道黏膜等，进而影响雏鸡的正常发育。注意通风和换气，确保舍内空气新鲜，就能有效地避免上述危害。

要及时清理粪便，避免产生有害气体

按照畜禽卫生要求，育雏舍内的二氧化碳含量应当控制在 0.2%以下；氨气的含量则要控制在 20 g/m^3 以下，否则会刺激到小鸡的眼结膜和呼吸道；硫化氢等有害气体的浓度要控制在

20 mg/L 以下；一氧化碳的浓度不能超过 24 mL/g。在实践中，如果没有测试气体浓度的仪器辅助，也可以以人的感觉为标准——如果当人能闻到臭鸡蛋味（硫化氢）时，或感觉鼻和眼有不适时，则说明舍内有害气体的浓度已超标，应当立即进行通风。

通风又分为自然通风和机械通风。自然通风是指通过门和窗自然交换空气；机械通风是通过设备使空气产生流动，从而达到空气交换的目的。在密闭式的育雏舍内，要安装通风设备，可以根据不同季节调整风速，并保证舍内没有吹不到的死角。通风量则按照夏季最大周龄的鸡所需的最大通风量设计。当然，要解决好通风换气，还得保持合理的饲养密度。

饲养密度，即每平方米容纳的鸡数。如果饲养密度过低，则不利于雏鸡保温，也不经济；饲养密度过高，又会造成鸡群拥挤，容易引起啄癖、采食不均匀等问题，造成鸡群发育不齐、均匀度差等情况。不同品种和不同用途的鸡，密度要求也不同。在分群时，可以根据实际情况进行调整，如商品鸡群的饲养密度一般大于种鸡群。

育雏期疾病的防控

2015 年 1 月 28 日　阴转晴　4 ℃ /−6 ℃

除了环境控制，在育雏阶段还需要注意掌握小油鸡的饮食节奏与药物防治。育雏阶段的不良管理容易诱发脐炎、腹泻等疾病。通常在育雏舍接到雏鸡以后，过半小时才给饮一定量的糖盐水，约 1 h 后再给予易消化、营养丰富的开食料。

雏鸡的营养来源于外部和内部，外部可以从饲料和饮水中获取，内部则为吸收体内的蛋黄，而蛋黄中或多或少带有大肠杆菌、沙门氏杆菌、霉浆体等病原微生物。雏鸡通过脐部吸收蛋黄内营养成分时，极易引起脐炎、白痢、慢性呼吸道病等。又因为雏鸡本身的肠道功能并不太完善，如果给予常规的药物原粉，在没有辅助成分的情况下，一方面吸收速度会很慢，另一方面副作用会较强，只能对肠道菌群起作用，而不吸收进血液，这样就无法对脐炎及蛋黄内病原微生物起作用，所以要尽可能避免使用药物原粉。

雏鸡的免疫并非越早越好，太早则容易受母源抗体影响，太晚则容易导致发病。通常需要根据雏鸡母源抗体水平及当地疫情，在兽医工作者的指导下选择合适的日龄进行免疫，这样才能够获得较好的效果。

育雏期间，最好选择对雏鸡刺激性小、消毒效果好的消毒药品，消毒方法以喷雾为好。虽然也有专家提出使用饮水消毒的方案，但目前这种方法尚有争议。因为消毒药物通过饮水进入消化道之后，会无选择性地杀死肠道菌群，当然也包括对雏鸡有益的肠道菌群，所以这并不利于雏鸡生长。

群居动物——群英荟萃

2015年3月10日　晴　9℃/-3℃

俗话说，人以群分，物以类聚。

那么，鸡又是怎样的群体呢？

动物的社群行为是动物行为学研究的一个重要方面，其中尤其以集群动物的等级行为最受人们关注。鸡也是群居动物。1922年，科学家 Thorleif Schjelderup - Ebbe 最先在鸡群中发现了“啄序”的存在。

啄序（Pecking order），是啄食顺序的简称，指群居动物通过争斗获取优先权和较高地位等级的自然现象。群居动物中存在社会等级，等级高的动物有进食优先权，如果有地位较低的动物先去食用，会被地位高的动物啄咬。

鸡群的啄序建立，通过啄斗实现。建群的开始阶段，鸡群个体之间会发生啄斗。

两只公鸡正在通过啄斗确立彼此的地位（齐维天/摄）

我们已经知道，在新群体刚建立的时候，每只鸡都会通过啄斗确定彼此的社会地位，整个过程通常只需要几个小时就能“分出胜负”。

那如果是新来的个体，加入一个已经建立起稳定的群居次序的鸡群中时，又会出现什么样的“化学反应”呢？有研究证明，鸡群之间是能相互认知的，每一只鸡都明白自己的社会地位，新个体也必须“认清形势”，多次的争斗经历不可避免，但会挑选它认为可以“打得过”的对手挑战，也会聪明地“识时务”地向更强的鸡表示“臣服”。

Graig 和 Baruth（1965）验证了来自不同鸡群的啄序与其所在原来群体中的位次有关。吴素琴（1983）的实验也证实了这一结论。人为将 5 个不同群体的首领公鸡选出并重新组群后，争斗近乎循环式地轮流进行，光是第一、第二位的位置争斗在两天内就发生了 5 次，每次均持续 5 分钟以上。第三、第四位争斗只经过一次小较量就决定了啄序，有一只公鸡则一开始就未敢参与争斗。

通常鸡群都是公母混群，因而啄序也按照三个水平划分：公鸡和母鸡群体各自存在独立的啄序，但总体而言公鸡的等级始终比母鸡的等级高。

可别小看了啄序的“争斗”，为了获取更多的生存资源，啄序的确立显得十分重要，争斗的剧烈程度也因“鸡”而异：成年鸡会比雏鸡更剧烈，公鸡的打斗也会比母鸡更粗暴。在“强强对决”的过程中，年龄、体重、健康状况、对环境的熟悉程度、过往的等级位置以及来自同群其他个体的压力等因素，都是获胜的“关键”（Pusey 和 Packer，1997）。

通常长辈们在教育后辈时，常会举例说，“我吃过的盐比你吃过的米多”“我走过的桥比你走过的路多”，这也侧面说明年龄与经验有一定的联系。Guhl（1958）的研究表明，家鸡在接近 9 周龄时，才建立起群体的啄序。吴素琴（1983）的研究表明，从

12个原群公鸡群观察，发现有13只首领公鸡（其中一个群里有2只公鸡并列首领），其中有9只在各自的群里年龄最大；且第一、第二、第三位次顺序与年龄相当一致，如首领鸡平均年龄为2.3岁，次位公鸡为2岁，三位鸡为1.5岁。由此可见，年长的公鸡在争夺首领位置上，更占有优势。当然，如果说“争夺者”们的年龄相差不大，那么就是“气势不够，体形来凑”——年龄相同时，体重占主要因素。科学工作者们所观察到的13只首领公鸡，它们的体重梯度和啄序相当一致，其中“老大”的体重皆高于所属群公鸡的平均体重。

当然，不同品系的鸡，其好斗性和屈服性也不同。当环境改变时，各品系的群居内部作用也会变得更为复杂。例如，在某一环境中表现得非常驯良的品系，转换到另一个新环境时，会变得极度好斗或极度惊恐。因此，家禽的品系、环境以及品系与环境的相互作用，也是影响群居冲突的重要因素（胡国琛，1982）。

三、成长的烦恼——生长发育

育成期——“成长的烦恼”

2015 年 3 月 12 日　多云转晴　12 ℃ /−2 ℃

此时小油鸡才刚刚 10 周龄，仍处于育成阶段。育成期是指 5～18 周龄，育成期的鸡也称中雏，一般指正在发育的鸡。育成鸡通常羽毛已经丰满，具有健全的体温调节能力和对环境的适应能力，食欲旺盛，生长迅速。

区别于育雏期的着重“保温”，这一阶段侧重于“通风”。随着气温日渐回升，通风措施也要跟上，尤其是夏天时，更要创造“对流风”的条件。春季当然也要适当进行换气，以保持舍内空气清新，确保人进去时也能感觉不闷气、不刺眼、不刺鼻。

除了保持适当的饲养密度，还要减少鸡的应激反应，尽量避免外界不良因素的干扰。接种疫苗时，要严格按照操作规程进行，抓鸡时的动作要尽量轻柔。进入鸡舍时，穿的衣服尽可能与平时接触鸡群时一致，以防鸡“炸群”。

随着时间的流逝，育成鸡的消化机能逐渐健全，采食量与日俱增，骨骼肌肉都处于旺盛发育时期。此时育成鸡对营养水平的需求与育雏阶段已经大不相同，饲料中的蛋白质水平要逐渐减少，能量也要降低，否则会大量积聚脂肪导致过肥，影响其成年后的产蛋量。

无论是育雏阶段还是育成阶段，通过良好的管理和正确的育雏方法使雏鸡保持良好状态，是养鸡成功的第一步，这也为整个养殖过程奠定了坚实的基础。养鸡的道路之漫长，一点也不比我们人养育孩子轻松。

为散养模式与笼养模式构思的“蓝图”（齐维天/摄）

面对眼前的北京油鸡，我们开始思量实验要如何开展。实验方案最为关键，通过讨论，我们确定了实验方案，准备了 2 个散养舍和 1 个笼养舍。除了进行散养、笼养对比实验外，还同时进行育成鸡吃草、吃虫的实验，将对其生产性能、生理生化、肠道微生物、行为表现、身体状况等方面进行全面的实验和分析。

初识鸡感冒

2015 年 3 月 12 日　多云转晴　12 ℃ /−2 ℃

上午 8 点半去散养舍查看鸡群情况并喂料时，意外地发现在有公鸡组的鸡舍中一只母鸡死了。观察它的体表，并没有看到伤口，因为手头上暂时没有解剖工具，一时间无法判断是什么原因造成的死亡。

场子里有一位员工叫张玲举，我们都亲切地称呼她张阿姨。张阿姨提醒我们留意病鸡的特征，很可能以后还会遇到类似的情况。正好当天来了只病鸡，翅膀耷拉着，羽毛松散凌乱，精神萎靡不振。但这些症状是鸡生病时的共同特征，我们一时间也拿捏不准是什么病，而张阿姨具有多年养殖经验，先查看了病鸡的口腔，又听了它胸腔发出的声音，判断这只病鸡是感冒了。为防止疾病传染给其他健康群体，也为了帮助病鸡康复，我们特意把这只病鸡从鸡舍隔离到另一个笼子里，单独为它提供拌了药的水和饲料。

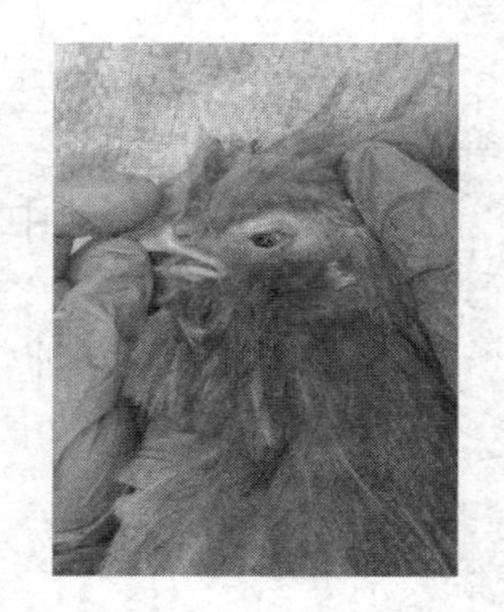

病鸡的眼神显得无精打采

可以明确的是，这并不是让鸡和人都恐慌的“流感”。我想起上学时老师们常说的一句话“养重于防，防重于治”，鸡的疾病多种多样，稍不留意，不知道什么时候就感染了其中的一种或者好几种。这样看来，不只是人类会遭遇病痛，鸡亦如此。

查阅了 2005 版的《畜禽疾病预防》，鸡常患疾病主要分为以下几类：

（1）病毒性疾病，又称传染性疾病，致病菌为病毒，特点是传播性、感染力强，药物抗生素治疗无效，多通过免疫力提高抗病率，如马立克病、新城疫、禽流感、法氏囊病、鸡痘、传染性支气管炎、传染性喉气管炎、传染性鼻炎、淋巴细胞白血病等。

（2）细菌性疾病，由细菌感染引起，如大肠杆菌病、支原体病、沙门氏菌病等，这一类病又分为消化道病和呼吸道病。

（3）寄生虫病，如球虫病、鸡线虫病、绦虫病、组织滴虫病等。球虫病用抗球虫药治疗，如磺胺丙氯拉嗪、地克珠利等；其他原虫类多用阿维菌素、左旋咪唑等。

（4）营养缺乏症，由于某种或几种营养缺乏而引起的疾病，如软骨症的原因之一是缺乏维生素A引起的；蛋鸡产软蛋、薄壳蛋，是钙磷缺乏或不平衡引起的，需要补充维生素A、维生素D（乳化维补）治疗；啄羽、脱毛症是缺乏含硫氨基酸引起的，需要补充蛋氨酸等。

（5）生理代谢病，由生理代谢失衡造成的疾病，如脂肪肝等。

（6）中毒，如食盐中毒、药物中毒、霉菌中毒、氨气或二氧化碳中毒等。

鸡的一生，同样面临着逃不开的生老病死的问题。

鸡 的 天 敌

2015 年 3 月 13 日　晴　13 ℃ /0 ℃

下午查看散养鸡舍情况的时候，在公鸡组又发现了鸡死亡的现象。这次事故发生在运动场内。观察它的体表，发现它的脖子被咬断了。牧场的员工说它是被黄鼠狼咬死的，对此我们持保留意见。

知识拓展

说到黄鼠狼，很多人的第一反应都是它爱吃鸡，也有谚语说“黄鼠狼给鸡拜年——没安好心”。但实际上黄鼠狼很少以鸡为食物，反而默默地保护着鸡不受侵略。在“世界之最”网页上的数据显示，黄鼠狼一夜之间可以捕食 6～7 只老鼠。

黄鼠狼，学名黄鼬（*Mustela sibirica*），IUCN 易危级。毛色变化甚大，一般身上偏黄色，小脸褐色，嘴唇上有点白。因为毛皮有价值，所以会被捕猎。现在中国大多数地方捕猎黄鼬是非法的。黄鼬主要以啮齿类动物为食，也吃其他小型哺乳动物、鸟类、两栖爬行动物等，有利于控制啮齿动物（如老鼠等）的种群数量，因此黄鼠狼其实还是灭鼠能手，它对生态系统的健康起到了关键作用。作为一种进化了千百万年的鼬科动物，它的演化史、自然史和它的生物学、生态学上的属性，决定了黄鼬的主要食物是啮齿动物，而不是家鸡。

早已耄耋之年的华东师范大学教授、著名兽类学家盛和林先生早在20世纪六七十年代，就做了大量研究黄鼬的工作。我们今天比较容易检索到的是盛先生在1983年第3期《大自然》杂志上撰写的一篇科普文章《黄鼬功大过小》。他写道："我们曾在江苏、上海、浙江、安徽、湖北、河南、吉林、黑龙江、内蒙古、山西、河北等主要产区解剖过4 978只黄鼬的胃，发现它们主要吃老鼠、蛙类和昆虫，也吃些蛇、蜥蜴、小杂鱼，甚至蜗牛、蚂蟥、蚯蚓等无脊椎动物。在食物严重缺乏时，个别的也以带甜味的芦苇根和薯块充饥。在解剖中，仅发现两个胃有家禽，一个胃内有幼家兔。"

但是也有人提出疑问，为什么盛和林先生对4 978只黄鼬的解剖研究中"仅发现两个胃有家禽"呢？该研究取得的样品虽然来自我国从南到北的很多省份，但在文章中并没有说明样品具体的采集地，是城市？是农村？还是未被人类开发，甚至人类不曾涉足的地方？是在距离鸡舍多远的距离内？鸡舍是简陋的，还是牢固的？要知道，在这些地区，家鸡的密度存在很大差异，这些因素也许会对研究结果产生直接影响。另外，且不论样本来自全国各地，即使是生活在同一个鸡舍周围的黄鼬，也很有可能会因为个体差异（包括个性、体质等）而导致对闯入鸡舍捕食家鸡这一行为的表现有所不同，用一句俗语来说，就是"撑死胆儿大的，饿死胆儿小的"；更何况，虽然我们经常能听到黄鼬进入鸡舍捕杀家鸡的案例，但我们并不知道在周围环境中究竟存在多少黄鼬，更不知道在这个区域分布着多少只黄鼬，因此很难给整个黄鼬家族扣上一顶相同的帽子——黄鼬以家鸡为主食。更何况黄鼬分布范围广大，不同的环境中食物差别明显，甚至也会随季节的变化有所不同，因此黄鼬对食物的选择或许也存在差异。

其实，黄鼬危害的主要对象不是禽类的成年个体，而是幼雏。黄鼬在面对成年的鸽子和鸡时，选择了鸽子。这是因为鸽子体型更小，易于捕捉。而且像鸽子体型大小的禽类，所提供的能量也完全可以满足一只成年黄鼬的需求。在农村，养过鸡、鸭、鹅的人都知道，黄鼬为祸的时候一般都是针对禽类的幼雏，而成年鸡鸭相对而言不易遭受到黄鼬攻击。

所以，回到我们的散养鸡身上，72 日龄对于北京油鸡而言还处于育雏、半育成阶段，因此如果真的有黄鼠狼出没，也不能排除是黄鼠狼“作案”的嫌疑。看来要想让小鸡们平安度过成长期，还需要多加巡视才行。

另外，一直以来心心念念着要给笼养组买鸡笼的愿望，今天终于实现了。

防　疫

2015 年 3 月 14 日　多云　13℃ /2℃

上午去散养鸡舍查看，这次轮到无公鸡鸡舍发生“黄鼠狼咬鸡事件”，死了 5 只母鸡。看来这片地区食物有点贫乏，黄鼠狼只能捕获幼鸡为食了。昼伏夜出的黄鼠狼毕竟防不胜防，无可奈何，我们还需要补上缺失的同日龄母鸡数量。

之后我们开始着手为无公鸡鸡舍的鸡打针防疫，每只鸡皮下注射 0.3 mL 的疫苗。给小鸡进行免疫时，通常会有固定的免疫流程表，但也会结合鸡场情况、鸡的体质而各有差异。

以下为参考某鸡场的内部数据：

日龄	疫苗名称	接种方法	免疫剂量
1	马立克氏病疫苗	颈部皮下注射	0.2 mL/只
3	新城疫（V.H）传支（H120－28<6）二联活疫苗	点眼	1 羽份
10	新城疫（V.H）传支（H120－28<6）二联活疫苗	点眼	1 羽份
15	新城疫 IV 系＋传支 H52 二联活疫苗	饮水	2 羽份
23	传染性法氏囊炎弱毒活疫苗	滴口或饮水	1 羽份
28	传染性喉气管炎鸡痘基因工程活疫苗	刺种	2 羽份
32	新支流（H9）三联活疫苗	皮下注射	0.3 mL/只
40	禽流感（H5）灭活疫苗	皮下注射	0.5 mL/只

（续）

日龄	疫苗名称	接种方法	免疫剂量
60	传染性法氏囊炎弱毒活疫苗	滴口或饮水	1羽份
65	新支二联活疫苗、球虫疫苗	皮下注射	0.5 mL/只
90	传染性喉气管炎鸡痘基因工程活疫苗	刺种	2羽份
105	新城疫Ⅳ系活疫苗	点眼	2羽份
110	新支减三联活疫苗	皮下注射	0.5 mL/只
120	禽流感（H5＋H9）灭活疫苗	皮下注射	0.5 mL/只

养鸡遇到的问题

2015年3月15日　霾　16℃ /3℃

仅凭直观的观察也不难猜出，有公鸡鸡舍的饲料消耗量比无公鸡鸡舍的消耗量大。我们每天都会给饲料做记录，今天用秤称量昨天的剩料，通过计算知道，有公鸡鸡舍的鸡吃了11 kg饲料，而无公鸡鸡舍的鸡则吃了10 kg的饲料。

白天除了喂料，也要对鸡舍进行巡视

在墙角发现的老鼠洞数量呈增加趋势；鸡舍的水管安装又出了问题导致漏水；夜晚进鸡舍巡视时，感觉舍内温度相对偏高。诸如此类的问题，还需要逐一解决。养鸡真不是一件容易的事。

鸡的居住环境——安得广厦千万间？

2015 年 3 月 18 日　多云转晴　21 ℃ /5 ℃

上午 8 点左右，鸡笼到达，工人们在专门腾出的笼养舍内进行组装。

这是典型的阶梯式三层鸡笼，每个笼子的长、宽、高分别为 0.66 m、0.37 m、0.50 m，笼内安置乳头饮水器，可满足鸡自由采食和饮水的需求。

笼养组的新“家”

介绍完笼养组的居住条件，当然也要提及散养组的住宿环境。散养无公鸡组和散养有公鸡组所在的鸡舍的长、宽、高分别为 2.0 m、1.5 m、2.5 m，鸡舍中间的墙体下方开一个窗口，供鸡自由进出，窗口外面连接着用钢丝网围起来的运动场，运动场面积为 5.0 m×6.0 m。鸡舍内设置了 10 cm 厚度的发酵床和 1 个两层产蛋箱，产蛋箱内含有 12 个独立窝巢，长、宽、高分别为

0.30 m、0.35 m、0.30 m。运动场没有植被覆盖，安置了栖架、2 m^2 的沙浴区、料槽、水槽，满足鸡自由采食和饮水需求。

散养组的“家”（左为散养无公鸡组，右为散养有公鸡组）

刚开始的几日里，为了让鸡适应新家，我们每日早上 8 点半到散养鸡舍去查看，进行喂料。并把散养鸡从室内赶到室外运动场。其实大部分油鸡能够自己出去，但总有一小部分需要驱赶才肯懒洋洋地“挪动尊驾”。

下午 1 点，在安装完毕笼养鸡的房子以后，我们在工作人员的指导下对鸡舍进行消毒，之后将 300 只和散养舍同日龄的母鸡全数给“请”进笼子里。每个小笼子里饲养两只鸡，并且添加一定的饲料，在笼子底下垫上稻糠，方便清理粪便。每周清理粪便 2 次。

考虑到鸡每天都需要一定时间的日照，我们把每日总光照时间控制为 12 h。散养舍依靠自然采光就可以满足需求，但笼养舍可能会存在采光不足的问题。为了使每组温度和光照基本保持一致，在笼养组光照不足时，我们每天会在下午 6 点开灯，人工补光 2 h。

分　群

2015 年 3 月 19 日　多云转晴　20℃ /5℃

即使是相同遗传背景、相同性别、相同日龄的鸡，在体重、健康状况等方面也会存在不同程度的差异。当通过饲养管理不能完全解决均匀度下降过快的情况时，就需要对鸡群进行分群、选择，从而提高鸡群的均匀度。从实验角度出发，均匀度也是开展科学实验之前必须保障的前提。

与均匀度关联最明显的是体重，导致体重不均匀的主要因素包括雏鸡品种不纯、饲料质量不佳、环境温度过高或过低、饲养密度过高、饲喂光照强度不足、料线高度不正确、喂料时间不固定、疾病感染等。

我们的实验鸡群现阶段共有 700 只，均为雌性。进行分群时，会将最大的和最小的鸡挑选出来后淘汰，留下体重相近（即均匀度较好）的鸡，然后再根据实验的实际需求，留下待饲养的具体羽数。按照之前的实验设计，我们总共留下 300 只母鸡，均分成 3 个组（2 个散养组，1 个笼养组），其中 1 个散养组另外再添加 10 只同一日龄、健康状况良好的公鸡，组成散养有公鸡组。为了让这些接近 10 周龄的小鸡们更好地适应新环境，要先将它们放进各自所在的新环境中适应 3 d，然后才能正式开展实验。

分群时我们把那些生长迟缓或体重明显弱小的鸡挑出来，单独进行饲养管理，争取尽快赶上大群；对那些过弱或患病的鸡则给予淘汰，交由农场的工作人员处理。

鸡忙着适应新环境，工作人员当然也没有闲着。我们花了整

我们的实验鸡舍

个下午在研究如何使用三脚架和相机，选择不同的角度模拟拍摄。此外，为了小鸡们的吃住问题，我们还需要学会饮水器的使用方法。因为生态农场鸡舍的水槽还没有彻底安装完毕，目前暂时用饮水器来替代，毕竟水不能断，养鸡过程中如果缺了水，影响会非常大。

缺水会影响到鸡的健康，最明显的表现便是鸡的食欲下降。试想人如果在吃饭过程中没有水，可能会因为食物太干而难以下咽；失水要是再严重一点，就会造成机体免疫力下降，也就容易患病；长期缺水，则会导致机体代谢紊乱，乃至死亡。除了健康方面，缺水还会对鸡的生产性能造成严重损害，比如产蛋率下降或者导致软壳蛋出现的概率增加。一旦出现了这样的情况，即便立刻给鸡补给饮用水，也很难弥补回来。当然，鸡对水的需求还不仅仅在水量是否充足，水质也同等重要，因为水质会影响到鸡的生长发育，所以在为鸡供水时，需要保持水源的水质新鲜、清洁和卫生。

至于饲料，经过这两天的观察和采食数据统计，我们认为每只鸡每天的采食量基本接近 100 g，目前还没有在饲料中添加虫子。我们特地询问了生态农场的技术顾问，得到的答复是，在鸡产蛋后饲喂虫子会使得生产效果更佳，添加草也是同样的道理，这里添加的草指的是菊苣草，然而现阶段菊苣草还没有正式生长起来，要见到它，恐怕还需要 20 天左右的时间。

发酵床——清粪利器

2015 年 3 月 29 日　晴转多云　22 ℃ /9 ℃

昨天笼养组正式“安家落户”，这就涉及清粪的问题了，笼养组的鸡需要人工清粪。散养组的鸡舍鲜少清粪，这得益于散养舍内发酵床的自然降解功能。

知识拓展

发酵床是利用全新的理念，结合现代微生物发酵处理技术提出的一种环保、安全、有效的生态养殖法。它通过参与垫料和牲畜粪便协同发酵作用，能够快速转化生粪、尿等养殖废弃物，消除恶臭，抑制害虫、病菌。这也就是我们从来没有在散养鸡舍内闻到过北京油鸡的鸡粪味的原因。

散养鸡舍运动场的鸡粪可以自然降解，舍内则依靠发酵床降解

从1992年开始，各国专家教授开始对发酵床养猪进行系统研究与实践，逐渐形成了较为完善的技术规范。我国近几年开始将该项技术应用于养殖业，并取得了显著成果。该项技术最先应用在养猪产业上，取得了很好的经济、社会和生态效益，可实现养殖无排放、无污染、无臭气，彻底解决规模养殖场的环境污染问题。

发酵床的技术核心在于利用活性强大的有益功能微生物复合菌群长期和持续稳定地将动物粪便和尿等废弃物转化为有用物质与能量，同时实现将猪等动物的粪尿完全降解的无污染、零排放的目的。它是当今国际上最新的环保型养殖模式，利用发酵床遵循低成本、高产出、无污染的原则，可以建立起的一套良性循环的生态养殖体系。

而关于它的制作步骤，常用方法是：①稀释发酵床专用菌粉。按商品说明计算好菌剂用量，按要求比例（一般是5～10倍）与米糠或玉米粉、麸皮混合稀释，稀释后的发酵床专用菌粉分成五等份。②播撒发酵床专用菌粉，可将垫料均匀分五层铺填，每铺一层垫料直接撒一层发酵床专用菌粉，每层用菌总量的1/5。也可将垫料原料与菌剂混匀后再铺，将水分调整为含水量40%～60%，垫料厚度达到60～80 cm；刚铺设的垫料比较虚，放进动物饲养几天后，会由于动物的踩踏和发酵热的作用使垫料基本压实，厚度会下降15%～20%，以后再添加不影响使用效果。③投入使用，垫料铺设完毕当即就能进畜饲养。

值得一提的是，发酵床的投入使用也受地理环境和气候的影响，在南方养殖活动中发酵床并不常见，主要原因是南方湿度大，显然发酵床更适合气候相对干燥的北方地区。此时正值3

月，散养鸡们夜晚会回到舍内，发酵床的保暖性能也可以帮助它们度过寒冷的夜晚。

最开始我们还没有留意，但直到最近散养舍出现漏水现象后，湿度变大而令发酵床开始产生难闻的气味，我们这才发现了这些冷门的知识。生活处处皆学问，以后还得多观察、多探究。

韩 信 点 兵

2015 年 4 月 2 日　小雨转晴　13 ℃ /4 ℃

在下雨天里，老鼠更加爱往鸡舍里跑。在散养有公鸡的鸡舍中，我们发现老鼠洞多达 13 个，可见老鼠的繁殖力是多么强。有了黄鼠狼袭击鸡的前车之鉴，我们晚上多了一项任务——如“韩信点兵”一般，清点鸡的数目。这样，即便再因为意外损失了鸡，我们也能够及时补充缺失的数目，确保实验能够顺利开展。

散养鸡在菊苣草田里“大快朵颐”(齐维天/摄)

成长的记录——采食量

2015 年 4 月 3 日　晴转多云　16 ℃ /5 ℃

上午我们去笼养舍和散养舍巡视。今天并没有进行喂料，是为了能够更加准确地计算出每个鸡舍一天的饲料消耗量。我们先让油鸡把今天的饲料吃干净，明天重新定量添料。

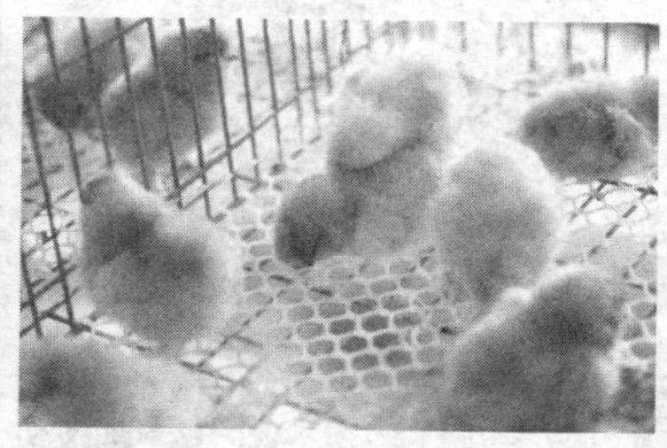

无论是散养鸡还是笼养鸡，进食都是重要环节（齐维天/摄）

在接下来的空余时间里，绿嘟嘟农场的郝场长带我们去邻近的另一个生态养殖场——金海生态农场参观。

本该分圈饲养的鸡跃到了猪圈栅栏上

金海牧场饲养的畜禽种类较多，人与动物之间一派和谐

参观完毕，我们也在思考，是否能将料槽换成几个小盘子分散在各处，从而避免鸡群采食时相互拥挤，有利于观察它们的行为，同时也方便收集剩料；或者使用白色的料槽，安置在舍外的栅栏上，也可以避免饲料的浪费。

食 有 时

2015 年 4 月 5 日　多云转晴　17 ℃ /4 ℃

古人云：“食有时，动有节。”“食有时”，即意味着吃饭要有规律；“动有节”，古人就是日出而作，日落而息，如果违反这个规律，则对身体不利。意思是，应时应节地摄取食物和能量，可以保证身体的平衡。这种顺其自然的养生之道，也能运用在北京油鸡的日常生活中。

这段时间，我们始终在探索一个合理的喂食时间，通过观察，我们已经知道散养的两个鸡舍当中，有公鸡的鸡舍对饲料的需求量更大，精神状态也更好。

围栏中的散养鸡

今天也终于确定下来每个鸡舍的喂食时间——上午 9 点喂散养鸡，下午 1 点喂笼养鸡。这样我们既可以不必集中在同一时间段忙碌，也不耽误喂鸡的时间，还可以增加查看各鸡舍的次数。之后，我们修好了笼养舍的自动加水器，顺便打扫了散养舍并换上了新的发酵床稻糠。

突如其来的天气变化

2015年4月6日　晴　13℃/2℃

最近风大，不但人容易感冒，连油鸡们也出现了感冒症状。夜深人静的时候，我们到各个鸡舍巡视，在散养舍听出部分油鸡的叫声异常，它们发出了类似喉咙被堵住的呼吸声。

也许是昼夜温差大、气温突变导致的应激反应，我们在笼养舍也发现了不少生病的油鸡。为了便于观察病鸡的症状和治疗，我们将症状最典型的3只笼养油鸡取出后单独饲养。在和牧场的工作人员张阿姨交流讨论以后，我们基本能断定这是支原体感染，需要用泰乐菌素对其进行预防和治疗。张阿姨告诉我们，这种病在春秋季节最容易发病，也是鸡的一种常见疾病，如果不及时治疗，鸡会减少采食，将来还会影响到它的产蛋性能。

一只生病的北京油鸡

张阿姨还告诉我们，平时多注意观察鸡的毛色、顺度、精神等，可以判断出鸡是否得病。另外，我们还需要注意鸡舍平时的湿度以及晚上的温度，以确保鸡生活的环境舒适度。

我们也认识到了“防患于未然”的重要性。于是，在常规的饲料上添加些增强免疫力和治感冒的药物，比如泰乐菌素，荆防败毒散等。除了饲料，油鸡的日常饮用水中也添加了一定量的泰乐菌素。我们为自己布置了一项作业——多学习养鸡过程中遇到的常见病及其防治方法。这样的知识储备也为我们之后在南方地区贵州纳雍养鸡打下了基础。

"铲屎官"们的日常

2015 年 4 月 7 日　晴转多云　14 ℃ /4 ℃

铲屎官（Shit shoveling officer），顾名思义，和"铲屎"这项行为密切相关。宠物猫和狗每次排泄后，只能由主人来为其清理粪便，久而久之，主人就成了它们的铲屎官。这是爱猫、爱犬人士对自己的一种诙谐幽默的称呼。

由于笼养舍没有发酵床，我们只能每次清粪后，在鸡笼底下撒上一层稻糠，每隔 3 天更换一次新的稻糠。一来二去，我们就给自己起了这么一个时髦的外号——"铲屎官"，只不过铲的不是猫和狗的粪便。

鸡笼底下的粪便在夏天容易滋生蝇虫，因此需要勤加打扫

普通铲屎官们的工作量小而轻松，我们的工作量却已经是体力活的级别。每天看着油鸡们吃吃喝喝，生活健康，我们觉得幸福。然而，一旦到了清粪的日子，我们就得铆足了劲，撸起袖子加油干，铲粪用到的工具也是铲子、手推车之类的大型工具。虽然累点、苦点，但干一行爱一行，谁让我们是如此热爱科研的动科人呢？

“牝鸡司晨”与“公鸡下蛋”

2015年4月15日　阴　25℃ /13℃

今天喂料时顺便查看了隔离出来的笼养鸡的病情，显然已有好转，精神状态也不错；而整个笼养舍的病情也基本稳定。

在清点散养鸡的数量时，出现了一个有趣的现象——众所周知，母鸡和公鸡的外表形态截然不同，雌雄一目了然。通过观察，我们发现散养舍中的无公鸡组里面竟然出现了两只公鸡，真是匪夷所思！

不知道大家有没有看过《封神榜》这个神话题材的电视剧，里面的妲己助纣为虐，祸国殃民，而我印象最深刻的一段则是大臣痛斥妲己“牝鸡司晨”。当时并不了解这个成语的含义，后来才知道是指母鸡报晓的意思。那么问题来了，通常都是公鸡打鸣，母鸡打鸣又是什么原因？

要想弄清楚来龙去脉，首先要对性别做一个清晰的界定。性别通常是指雌雄两性的区别。除了“染色体性别”，还有“生殖腺性别”和“表型性别”。“染色体性别”指的是由性染色体决定的性别，如在人类身上表现为男性XY型和女性XX型，而在鸟类身上表现为雄性ZZ型和雌性ZW型；“生殖腺性别”指的是两性生殖器官的区别，如女性体内有子宫和卵巢，男性则有睾丸和附睾等；“表型性别”指的是雌雄之间的次级性征和调节性行为的神经结构方面的差别，如女性有隆起的乳房而男性则有喉结和胡须等。

绝大多数生物的生殖腺性别和表型性别都是由染色体性别控制的，而在“母鸡变公鸡”的案例中，则出现了染色体性别不变，生殖腺性别和表型性别反转的情况。原因在于，鸟类胚胎的生殖腺来自生殖嵴，生殖导管则来自苗勒氏管和沃夫氏管。在雌性中，左侧性腺和苗勒氏管发育成具有功能的卵巢和输卵管，而右侧保持原基状态，这是为了保持体重利于飞行而进化出来的。在雄性中，性腺和沃夫氏管则发育成对称的、双侧生殖系统，而苗勒氏管退化。由于成年母鸡体内只有左侧的卵巢输卵管发育，一旦它在外界刺激下病变损坏，则不再产生足够的激素，此时右侧未分化的生殖系统原基不再受到激素的抑制，逐渐发育形成睾丸，分泌雄激素，进而开始停止生蛋、长出鸡冠和长尾羽、打鸣甚至具备使其他母鸡受精的生理功能。当然，变成公鸡后的母鸡其染色体仍然是 ZW。

“牝鸡司晨”的秘密解开了，但“公鸡下蛋”能否成真呢?在自然条件下，公鸡变母鸡的现象更为罕见，这也是因为只有雌鸟才存在生殖系统发育不对称的现象。

其实，“母鸡变公鸡”这样的现象并不只是鸡的专利。在自然界，拥有这种有功能的雄性或雌性个体转变成有功能的反向性别个体的现象叫作“性反转”（李尚伟等，2005）。不过，那又是另外的故事了。

满地虫儿——“天上掉馅饼”

2015 年 4 月 28 日　阵雨转多云　25 ℃ /14 ℃

一夜之间，鸡舍所在的杨树林突然就被虫子给占领了。

这场 4 月的虫雨，令本来枝繁叶茂的杨树，忽然变成了“秃子”——连树叶都被啃得只剩下叶茎了。

走在林间，能听见“沙沙”的声音，仿佛有人在窃窃私语。树干上也爬满了虫子，风刮过时，树上的虫子就噼里啪啦往下掉。在给散养舍的油鸡们喂料时，我们推着料车经过林子，就可以免费体验到“脚下踩着虫子、衣服上挂着虫子、帽子上趴着虫子”的经历，惊不惊喜？意不意外？刺不刺激？

在旁人看来，这个场景或许很惊悚，但在散养舍的油鸡们眼中，树上掉虫子就好比“天上掉馅饼”，妥妥的“加餐”，真是美滋滋——在栏杆上游走、在地面上爬行的虫子以及被虫子啃食而掉下的叶子无疑都成了散养鸡的加餐。通过观察，我们仅凭肉眼也能明显看出，两个散养舍的油鸡们对于饲料的兴趣已经没有先前积极了，采食饲料的时间也更短，反而对掉落到运动场地面的树叶碎片和虫子更加偏爱。

事情都具有两面性，反过来可以这样想，通过鸡吃虫，对控制虫灾还是有一定帮助的。我们观察那些没有鸡的闲置鸡舍，它们的运动场以及墙上都爬满了虫子，地面落叶碎片也更多，而我们的散养鸡舍的虫子们则几乎被一扫而空。

虽然“加餐”让散养鸡们精神为之一振，然而在有公鸡的鸡舍里，油鸡们因为最近这几天下雨的缘故，在户外活动后羽毛总是湿答答的。一小部分鸡得了感冒，偶尔能从鸣叫声中听出咳嗽

谁能想得到偌大的杨树林，一夕之间就被小小的虫子吃得精光

声，整个鸡群明显不如以往活跃。真希望天能尽快放晴，虫灾早日得到解决。

行为观察："见微知著，一石知史"

2015 年 4 月 30 日　多云转霾　29 ℃ /16 ℃

一次意外的"虫子加餐"，使我们得以观察到不少油鸡的行为与反应，得益于 Bt 毒蛋白（由苏云金芽孢杆菌 Bt 基因表达产生的一种高效、安全的杀虫毒蛋白）喷雾的使用，虫灾已然得到控制。今天我们想与大家分享一些近期观察鸡日常行为的心得体会。

观察动物日常行为并不是一件简单的事情。由于行为与动物的心理感受有关，且行为易于观测，所以行为学可以为动物的感受提供证据。而动物行为学（ethology）是专门研究动物行为的学科，最早是由于人们对动物行为的好奇心而开始关注和研究的。

北京油鸡正在菊苣草丛中行走、探索和觅食

动物的行为是个体与其有机、无机环境维持动态平衡的手段，是由先天遗传和后天获得复合起来的。一个特定物种的行为特点和心理特点是其在长期的生存进化过程中发展形成的。对于周围环境的变化，动物最初的反应是其行为模式的改变，行为模式的变化也是动物对环境变化第一个容易发觉的反应。“刺激—反应”理论是解释动物行为发生原因最简单的答案，如果行为是为了适应环境的变化，那么环境有变化就会有一定的行为表现(蒋志刚，2012)。

沙浴是禽类在自然条件下主要的行为系统之一。沙浴的功能是去掉羽毛上的油脂，保养羽毛，而羽毛状况直接影响家禽福利水平（Liere 和 Bokma，1987）。但在现代商业饲养系统中这种行为被严重地束缚了，家禽无法获得适合的物质供其从事觅食和沙浴行为与高发率的啄羽行为是有直接关联的。Huber - Eicher 和 Wechler（1997）的实验证明，提供寻食物质能减少啄羽的发生。Arnould 等（2004）报道，称家禽以沙砾作为垫料时，要比以木屑作为垫料时表达出更多的觅食和沙浴行为。

在散养有公鸡的鸡舍运动场上，为了进行沙浴行为，油鸡们甚至“刨”出了一个坑（齐维天/摄）

动物行为的表现是动物为适应环境刺激作出的反应，某些自然行为的缺乏可能暗示了某种消极环境因素的存在。

动物受到周围环境的限制时，其行为的正常表达方式会受到限制，便会出现一系列异常行为。行为失常的重要原因是畜舍环境和饲喂情况不能满足动物行为的需要（Huber - Eicher 和 Wechsler，1997）。例如动物会表现出停止前进、后退、吼叫或趴下等行为，这种行为往往是在受到严重、长期的挫折、压抑时才会发生。最常见的一种异常行为就是动作的反复，即动物无目的地重复动作，这种行为的出现表明动物在适应其环境时遇到了困难，所处的环境福利状况低下。在正常情况下，畜禽是不会表现出这类行为的，因为它不具有任何生物学意义，甚至对动物个体有害，如家禽的啄羽、啄肛行为等。此外，即使有的异常行为对家畜身体无害，也会增加能量消耗。

动物行为学又与动物福利相辅相成，相互依赖。从福利角度而言，动物的日常行为是一个有效的福利指标，异常行为则是家畜福利恶化的主要标志。了解行为可以从一定程度上了解动物的喜怒哀乐。近年来，动物行为学备受关注，尤其在动物福利养殖方面的应用优势变得越加明显。要全面了解研究动物的各种行为表现和生物学特点，需要把观察所得的动物全部行为按行为分类系统列成动物行为谱。建立行为谱的经典方法包括观察和记录目标动物的全部行为、给行为做一个准确的定义和对行为进行测量。动物行为谱包含的行为项目可根据观察者对行为的定义内容的不同，而出现改动。

散养鸡舍内均安装了栖架，供北京油鸡们栖息

至于观察行为的时间，当然也取决于观察对象的生活习性。

显然，北京油鸡与普通家鸡一样，日出而作日落而息。邻近 5 月的北京，太阳也升起得越来越早，为了更完善地记录它们的行为规律，我们需要起得更早。套用时下流行的一句用语：“你见过凌晨四点的北京吗?”而我们则完全可以自豪地回答：“是的，我们见过!”

“大智若愚”的温情——鸡也是高智商

2015 年 5 月 6 日　多云转阴　23 ℃ /12 ℃

“鸡是否也会接吻?”

今天，一位正在观察鸡的同事突然向大家抛出这个疑问。这是因为她在观察的过程中，看到有一只鸡站立不动，而另一只鸡在轻柔地啄前者的嘴（喙)。这看起来和人类的接吻多么相像，同事不禁感慨，或许它们不像人一样懂得接吻的含义，但是这一定也是表示亲密与喜欢的一种方式。

我们都被她的幽默感逗笑了，这可能是鸡的修饰行为中的一种，从其他个体身上我们也观察到类似的个体为另一个个体梳理羽毛的亲昵行为。然而同事关于鸡有温情一面的言论确实有依据。科学家们已证实了鸡的智慧，它们不再是人们以往认为的又笨又蠢的禽类，而是拥有智慧和温情的一面。

一只北京油鸡站立在木桩上“远眺”(齐维天/摄)

卡罗琳·L·史密斯（Carolynn L. Smith）和萨拉·L·杰林斯基（Sarah L. Zielinski）两位科研工作者恰好在《环球科学》杂志（2014）上为我们揭开了鸡智商的神秘面纱。

自然界的物种千奇百怪，总有一部分物种比其他物种更加充满“智慧”，而鸟类恰恰就被归类于智慧物种当中，它们有时候能展现出一些曾被认为是人类特有的能力。比如喜鹊可以辨认自己在水面上的倒影；新喀里多尼亚鸦可以从长辈那里学会制造工具的方法；非洲灰鹦鹉不但可以模仿人类的语言，而且在数数之余还能根据物体的颜色和形状将其归类等。

关于家鸡，近些年已有科学家的研究表明，它们的智商很高，可以观察到个体之间存在“欺骗”和“耍诡计”的行为。它们的交流能力，一度可与使用复杂信号传递个体意愿的灵长类动物相媲美。当需要做出选择时，家鸡则会利用自身经验结合相关信息来作出判断。它们不仅能处理非常复杂的问题，对于处境危险的同类，甚至还能做到感同身受与换位思考。

随着研究的深入，科学家在家鸡身上还发现了更多的认知能力。意大利特伦托大学的乔治·瓦洛蒂加拉（Giorgio Vallortigara）已经发现，小鸡能够区分数字和分辨几何形状。比如当看到未画完的三角形时，小鸡竟然知道完整的图形应该是什么样子。

2015年，英国布里斯托大学的乔安妮·埃德加（Joanne Edgar）和同事发表的一篇研究报告中指出，狡猾的家鸡也有温情的一面——能够理解其他个体的感受。在埃德加的实验中，他们先让母鸡看到自己的小鸡被一阵气流弄乱羽毛的样子，尽管气流不会对小鸡造成任何伤害，小鸡依然会将气流视为一种威胁，并且表现出一些典型的应激症状，包括心率加快、眼温下降等。有趣的是，母鸡未亲身经历这一切，小鸡也没有受伤，但母鸡在观察小鸡的反应后，会表现出沮丧的样子，还会向小鸡发出“咯咯”的叫声。这些发现表明，家鸡可以了解其他个体的感受。

围在“母亲”身边的小鸡们

对于家鸡而言，其非凡的认知能力应该来自它们的野外祖先，也就是生活在南亚和东南亚森林中的红原鸡。这种鸡的基本社会结构是包含 4～13 个个体的小群体，成员处在各个年龄段，群体关系相对稳定，并且可以长期维持。像其他很多社会性动物一样，每个群体由一雄一雌领导，它们通过控制低等级的个体，占有群体所需的所有资源，不论是食物、空间还是交配权。群内的竞争不是家鸡进化出智力的唯一压力，它们同样受到群外的一系列威胁，包括狐狸和老鹰等捕食者，对于每一种威胁都需要不同的逃脱策略。不同的情况会促使红原鸡发展出应对不同危险的处理办法，同时也形成了互相沟通以应对威胁的能力。这些能力仍然保留在现今的家鸡中。

唧唧复唧唧（鸡鸡覆鸡鸡）

2015年5月7日　晴转阵雨　25℃ /14℃

今天继续观察散养舍油鸡的行为。

傍晚的时候我们发现鸡群格外活跃，无公鸡鸡舍里鸡腾飞、跳跃的次数与频率明显增加，也许这个时间段正好是它们一天当中的“玩耍”时段，又或者是因为某些我们离得太远而观察不到的原因，使它们受到了惊吓（如老鼠或者从未见过的新奇事物）。观察动物行为时，我们仍需要遵守与油鸡群体保持一定距离的原则，尽可能避免对它们造成任何心理或精神上的压力。有时候我们能观察到其中一只油鸡个体突然腾起，朝着一个方向飞扑过去，离它不远的群体也因此而受到惊吓，尖叫着四处逃窜，有点类似多米诺骨牌，惊慌接二连三传递。好在惊吓终有平息的一刻，不多时鸡舍就能恢复平静。

提起有公鸡的鸡舍，不得不感慨有了公鸡的加入后，除了交配行为，连争斗行为的次数也明显增加。通过观察我们看到，公鸡会先“打量”周围的母鸡，“看中”心仪的对象后，会先追逐或者直接靠近，用喙叼住母鸡的鸡冠或者头部、颈部的羽毛将其控制住，然后才会覆上去，压在母鸡身上，抖了几下之后才放开母鸡，交配就结束了。是不是觉得快得还没反应过来？是不是对这个交配过程充满了疑惑？

没关系，我们接下来的解答将充分满足你对知识的渴求。

这要先从鸡的生殖系统说起。无论是公鸡还是母鸡，两者的性器官均有不明显和隐蔽的特点。

公鸡的生殖系统与哺乳动物一样，也包括睾丸、附睾、输精

鸡的交配过程，俗称“踩背”（齐维天/摄）

管，不同的是，公鸡没有阴茎，只有退化了的生殖突起——交媾器。交媾器位于泄殖腔腹侧，平时和睾丸、附睾一样全部隐藏在泄殖腔内，只有当性兴奋时，交媾器才会突起外露，自肛门腹侧推出，朝下方插入母鸡泄殖腔。

母鸡的生殖系统则由卵巢和输卵管两大部分组成，通常只有左侧的卵巢和输卵管发育完全并具有生殖功能。输卵管由喇叭部、膨大部、峡部、子宫部以及阴道部构成。母鸡的外生殖器阴道口和排粪口、排尿口共同开口于肛门，故称为泄殖腔。自然交配时精子会很快沿输卵管上行并达到喇叭部的精窝内。

在交配时，整个过程几乎被公鸡的尾羽遮挡，而且交配时间不超过 5 秒钟，这就是我们只能看到公鸡压在母鸡身上抖了几下的原因。观察时我们还发现，有些母鸡备受“恩宠”，有些母鸡则“被打入冷宫”，无公鸡问津，这也与其生殖能力有关，毕竟不是所有母鸡都拥有健康的生殖能力。一部分母鸡如果无生殖能力，则会无法接应公鸡的交媾器，时间一长公鸡自然也就避而远之了。

也有人好奇，为什么鸡的生殖器会退化呢？这又是另外一个故事。其实在胚胎发育的第一个阶段，公鸡就已经拥有生殖器，随着发育过程的进行，小公鸡的生殖器不但停止生长而且还变小了。而在同为禽类的鸭子身上，却没有这样的情况。有科学工作者针对这个现象研究，将目标锁定在基因 BMP4 上。BMP 即骨形态发生蛋白，可以诱导骨生长，本身不能成骨，而是在体内诱导未分化的间充质细胞分化为骨细胞和成软骨细胞，进而形成新骨和软骨，是一种诱导骨能力极强的高活性骨诱导因子（《外科学辞典》）。当新生细胞多于死亡的细胞，组织就处于生长的状态，反之则是萎缩的状态。虽然鸡生殖器的细胞生长速度（细胞凋亡）和鸭的一样，但显然鸡死亡的细胞更多。于是研究团队更进一步找到了造成这种情况的 *BMP4* 基因。当外源注射了 *BMP4* 基因后，鸡的生殖器又继续生长（Furuta 和 Hogan，1998）。

至于禽类为什么存在泄殖腔，最大的可能性则来源于雌性的选择。由于缺乏生殖器的参与，雌性必须与其潜在伴侣精诚合作。大多数雌性必须将泄殖腔完全外翻暴露在雄性面前，以方便配合雄性受精。比起插入式受精，这种方式让雌性完全掌握交配的主动权，也导致雄性不得不卖力讨好雌性以获取交配权。更重要的是，“时间短”的优势，可以大大减小在交配过程中被“围观”的猎食者袭击的风险。

油鸡罗曼史：爱情里的尔虞我诈

2015 年 5 月 12 日　多云转晴　29 ℃ /11 ℃

今天下午，我们的观察工作者们在散养有公鸡的鸡舍免费观看了一场“爱情电影”。

片名：《北京油鸡的罗曼史》

主演：6 只北京油鸡，其中包括 2 只母鸡和 4 只公鸡。

上映时间：2015 年 5 月 12 日，17:00—19:00。

时长：120 分钟。

剧情：因为整个过程读者们无法现场观看，我们决定将这个故事尽可能以文字形式向大家展示。首先，登场的第一只公鸡（姑且称呼它为“男一号”吧），它成功地与登场的第一只母鸡（按照惯例称呼它为“女一号”）交配成功之后，还在女一号身边转了两圈，不知道是在炫耀交配成功还是宣示自己的主导权，但显然男一号的心情很愉悦。毕竟我们都乐于看到完美的大结局，这个爱情故事相较于其他而言，显然已经算是十分圆满了。

而下一个爱情故事，就显得错综复杂许多。此时，上一个故事的剧情已经告一段落。本次的男主角换成了“男二号”，它也“邂逅”了它认为的“真命天女”——“女二号”。但“女二号”一直在低头采食，对“男二号”兴趣全无，于是“男二号”只好主动出击。它先是靠近了“女二号”，趁其不备悄然从后方出击。然而“男三号”突然出现，终止了它的计划，以雷霆不及掩耳之势“英雄救美”，将“男二号”驱逐。此时“男四号”也随即赶来共同驱赶“男二号”。被啄狠了的“男二号”无可奈何，只能灰溜溜地离去。而“男三号”和“男四号”更是当仁不让，当起了女二号的“护花使者”，阻止其他公鸡的接近。而我们的“女二号”，对这一切漠然不关心，自始至终只顾着采食。这场爱情的竞逐，看得人眼花缭乱，感觉颇有意思。

一对“夫妇”相互扶持、守候

群演油鸡们的心声：配合你们演出的我们表演“视而不见”

卡罗琳·L·史密斯（Carolynn K - lynn L. Smith）和萨拉·L·杰林斯基（Sarah L. Zielinski）两位科研工作者通过实验不仅证明了鸡有温情的一面，也证明了鸡的高智商、会耍“阴谋诡计”的另一面，尤其是在“爱情”上（Smith 和 Zielinski，2014）。

雄性会将大部分时间花在吸引雌性并为它们提供食物上，而雌性则会仔细观察雄性的一举一动，通过它们的行为以及对以往行为的记忆来作出相应的反应，从而达到避开那些具有欺骗性或不怀好意的个体的目的。

20 世纪 40 年代就有科学家发现，当鸡发现食物时，会做出一些复杂的动作。比如，一只占据统治地位的公鸡发现食物时，会快速地摇晃脑袋，又不断点头，并且还会将食物啄起又扔下，以此来告诉母鸡，它找到好吃的了。这种行为是公鸡向母鸡示好的主要方式。

起初，科学家们并没有发现这些颇为隐蔽的“情节”，因为鸡群内部的互动通常很短暂且很难发现，更何况家鸡很喜欢待在草丛或灌木丛中。同时，对于研究人员而言，任何一个人都无法同时监控多只鸡的行为。为了最大限度地降低观察难度，史密斯想出了一个解决方案：使用微型摄像机和麦克风，记录下家鸡群体的一举一动乃至声音，相当于动物世界的“真人秀”了。

和预期一样，在鸡群中，占据统治地位的公鸡（以下简称“统治者”）会通过打鸣来显示自己是领地的统治者。它会通过展示食物的行为吸引母鸡。而当上空出现危险的捕食者时，它也会发出警报声来提醒鸡群。那些地位较低的公鸡的行为却与预想的不太一样。刚开始科研人员均认为，这些公鸡应该会安分守己，不会与母鸡交往，以免受到“统治者”的打压。然而，摄像机和麦克风却揭示了一个更加复杂的故事。这些地位较低的公鸡使用了一些隐秘的策略，它们发现食物时，仅会做出动作，而不会发出声音，这样既能悄悄地发出信号，吸引异性，又不会激怒“统治者”。

地位较低的公鸡改良了展示食物的方式，从而可以秘密地吸引雌性，如此机灵的行为让研究人员颇感惊讶。然而，对于家鸡的来说，这些行为只能算“冰山一角”。

史密斯最想了解的是，家鸡在面对危险时如何作出反应。以前的研究显示，公鸡看到空中的捕食者（例如老鹰）时，有时会发出很大的警报声，这是很让人疑惑的。因为发出长而尖锐的声音会使公鸡的处境变得极其危险，它自身会更容易被发现，进而遭到攻击。一些科学家推测，对于公鸡来说，保护配偶和后代是非常重要的，因此承担这样的风险是值得的。然而史密斯想知道，其他因素是否也会影响公鸡的报警行为，答案是肯定的。使用了这些微型设备后，研究人员监听到了家鸡中最微弱的声音交流，他们发现，公鸡有时会出于自私的原因发出叫声。家鸡会留意自己和竞争对手的危险程度，如果发出警报时自己的风险最小，而对手的风险会升高时，它们更愿意发出警报。比如，当自己藏在树丛中，而竞争对手处在空地上，很容易被捕食者捕获时，那么公鸡发出警报的频率会更高。如果运气够好，这样做不仅能保护自己的母鸡，还能“除掉”另一只公鸡。

这个策略叫作“风险补偿”（risk compensation），这又是一个人类也会用到的策略。如果有条件降低风险，很多人都会变得大胆。比如，当人们系上了安全带或者汽车安装有制动防抱死系统，开车就会更快。同样，当一只公鸡认为比较安全时，就会做出更加冒险的行为。

闻声识鸡："小心驶得万年船"

2015年5月13日　晴转阴　31℃ /19℃

结合这几天的观察，我们发现油鸡其实非常警觉，它们并不像我们想象中那样迟钝。牧场附近有一个机场，有时候飞机从上空经过的声音会让它们立刻警惕起来，聚成一团；偶尔刮一阵风，将树枝或树叶吹落发出轻微的"啪嗒"声，它们也会立即停止活动，伸直脖子站立在原处仿佛在观察确认什么；有时候一只鸡突然叫起来，其他个体也会跟着"咯咯"叫唤仿佛在应答。这不禁促使我们思考，鸡是否也有属于自己的一套语言？美国加利福尼亚大学洛杉矶分校已故科学家尼古拉斯·科里亚斯（Nicholas Collias）和埃尔西·科里亚斯（Elsie Collias）的研究解答了我们的疑问。他们对家鸡的鸣叫进行了分类，最后确认它们的鸣叫共有24种不同的类型（Smith和Zielinski，2014）。如今，人们普遍认为现代家鸡的祖先是来自生活在东南亚热带丛林的红原鸡，但红原鸡及其后代茶花鸡的叫声仍旧是高亢了之后就来一声，而现代鸡在高叫了之后直接降调，为什么会有这样的差异？至今仍是很多科学急欲解开之谜。

有意思的是，鸡的叫声似乎也会对应特定的事件。当一只鸡看到空中的猛禽时，它会压低身体，发出一阵并不响亮、但频率较高的"咦咦咦咦咦"声；而当它认为正遭遇地面的危险时，则会发出"咯嗒咯嗒"的警报声；如果它们发现了食物，公鸡会发出激动的"咯咯"声，这可能会引起母鸡的注意，并对信息作出判断。

这些早期的研究结果都表明，家鸡那核桃般大小的脑子里所

公鸡高亢的鸣叫声，像是在发出警报

思考的东西，远比我们想象的复杂得多。这些不同的声音似乎编码着特殊的信息，意在唤起围观个体对相关信息的回应。然而，由于研究手段的局限，科学家们一直无法准确地将这些声音和特定动作联系起来。直至20世纪90年代新技术的出现，才让科学家们可以更严格地验证他们的假设。那时，澳大利亚麦考瑞大学的克里斯·伊文斯（Chris Evans，已故）开始采用数码录音设备和高清电视，在对照实验中研究家鸡发出的一系列鸣叫声的功能。他在笼子周围放置电视系统，为这些家鸡创造了一个虚拟世界，并且可以设置不同的情景，以记录家鸡如何应对各种情况。比如，给一只家鸡提供一个同伴、一个竞争者或者捕食者——测试中的家鸡可能会看到一只虚拟的老鹰从头顶飞过，或者一只狐狸从侧面向它扑来，又或者一只公鸡发出一系列“咯咯”的叫声。

这些虚拟实验得出的结果给了我们一个惊人的启示：一只家鸡发出的声音或做出的动作会传达特定的信息，而其他家鸡能理解这些信息。例如，只要有家鸡发出了警报，其他家鸡即使没有看见空中的捕食者，也会表现得就像看见了一样。家鸡的这种报警信号具有“提示性”。这意味着，这些信号可以指代特定的含义和事件，就像人类的语言一样。当一只鸡听到某种声音信号时，该信号似乎可以在家鸡的大脑中勾画出特定物体的形象，促使家鸡做出相应的反应，不管这个物体是捕食者还是食物。

虚拟实验还发现，家鸡个体可以针对不同的同伴，发出不同的信息。比如，当一只公鸡发现危险在迫近的时候，会为附近的母鸡发出报警的声音。但是，如果附近的同伴是其他公鸡时，它就会保持缄默。母鸡发出信息同样有选择性，只在它们的小鸡面前发出警报声。

总之，这些研究结果表明，家鸡的声音并非只会反映个体本身的状态，如“害怕”或“饥饿”。相反，它们能意识到事件的重要性，并且它们的反应也不是简单的条件反射，而是一种经过深思熟虑的行动。家鸡这种经过思考、然后采取行动的模式，使它们不太像一种鸟类，更像是那些大脑容量较大的哺乳动物。

四、“鸡熟蛋落”——产蛋

“消失”的鸡蛋

2015 年 5 月 14 日　晴转阴　28 ℃ /15 ℃

最近油鸡们已经开始产蛋了。我们除了日常的喂料、行为观察之外，还要进行一项新的活动——捡蛋。当然，除了一天两次的捡蛋工作，做产蛋记录也是必不可少的环节。

有时候油鸡也会将蛋下在运动场

我们每隔 1 小时对无公鸡的鸡舍油鸡行为进行观察，今天发现了一件奇怪的事——鸡蛋莫名其妙地“消失”了。因为我们好几次也会透过窗户观察舍内发酵床上的鸡，在上午 9 点至 10 点时，我们观察到鸡舍内某个角落出现了一枚鸡蛋。这并不奇怪，母鸡往往会选择阴暗安静的角落产蛋。10～11 点，我们看到鸡蛋依然静静躺在原处，而 11 点半我们去捡蛋时，那枚鸡蛋却已经失去了踪影。我们原以为是母鸡在产蛋后将鸡蛋埋在发酵床的稻糠底下了，可掏了好半天也没有找到鸡蛋。

散养鸡除了将蛋产在墙四周的角落，也会到产蛋箱中产蛋

我们打算下午继续看看情况。果然，下午 3～4 点时，在同一位置我们又看到一枚鸡蛋，而 5～6 点时，那枚鸡蛋又离奇消失了。我们又去稻糠下翻找，鸡蛋依然没有踪影。直到我们看到了旁边的老鼠洞，才恍然大悟了。原来是之前补好的老鼠洞又被老鼠打通了，鸡蛋就是被老鼠们运回了自己的洞穴。

母鸡下完蛋到户外觅食时，鸡蛋就悄悄地"消失"了

硕鼠硕鼠，何食我蛋？看来，我们在养鸡过程中，仍与老鼠之间有场漫长的"拉锯战"。

初见“黄耳鸡”

2015 年 5 月 15 日　阴转晴　25 ℃ /12 ℃

“黄耳鸡”最初并不叫黄耳鸡，只是因为它的耳叶恰好呈现黄色，所以我们就暂时根据这一外形特征给它起了“黄耳鸡”的昵称。当时我们团队在集市上看到了 3 只黄耳鸡，两公一母。我们觉得很新奇，回去后查阅了不少资料，但至今尚未确认它到底是何方神圣。我们觉得如果它是一个新品种的话，在集市上被贩卖确实有点可惜，于是就先买下了黄耳鸡的公鸡，并带回绿嘟嘟农场单独饲养。

黄耳鸡正自在地踱步，兴致浓厚时还会“翩翩起舞”，跳起“探戈”

杀 生 取 义

2015 年 5 月 20 日　晴　29 ℃ /15 ℃

时间一晃，就到了北京油鸡 20 周龄，即性成熟的时刻。这一天也是我们开展预实验的日子。虽然于心不忍，但为了实验，也只好先“牺牲”一部分鸡。屠宰实验进行得很顺利，我们从 3 个鸡舍（1 个笼养舍和 2 个散养舍）里各取了 15 只北京油鸡。遵循动物福利原则让它们无痛苦地“安乐死”以后，一切按部就班，先取血，再开膛取样。

我们的一位同伴在杀鸡过程中还吟唱起了圣经，希望油鸡们的在天之灵也能得到安息。

屠宰现场忙碌的工作者

休憩时分我们与农场的两只小狗玩耍

换料："嗟来之食，食不食?"

2015 年 5 月 21 日　多云转晴　30 ℃ /16 ℃

今天是油鸡们 141 日龄，正好可以为它们换饲料。之前它们的料都是由牧场自行配制的，产蛋以后，需要的能量也更多了，因此，牧场的工作人员也重新配了新料。我们的实验也即将进行到下一个环节，探究添加虫与草对油鸡产生的影响，而笼养鸡将为我们揭开这个谜底。

我们将笼养舍的油鸡分为 3 组：普通饲料组（LW）、加虫组（LC）和加虫加草组（LQ)。每组 94 只鸡，使用隔板隔离。我们猜一定有人好奇什么是加虫加草，加的是什么虫和什么草?

所谓加虫，当然不是与 4 月的那场"虫灾"相关的虫子，而是大名鼎鼎的"黄粉虫"。黄粉虫（*Tenebrio molitor*）又叫面包虫，原产自北美洲，20 世纪 50 年代从苏联引进中国。

黄粉虫干品含脂肪 30%，含蛋白质高达 50%以上，此外还含有磷、钾、铁、钠、铝等常量元素和多种微量元素。添加黄粉虫，可以大幅度提高饲料中的蛋白质含量比例，对于处于产蛋期的北京油鸡而言再合适不过了。

而加草，指的也不是普通的杂草，而是"菊苣草"。菊苣（*Cichorium intybus* L.)，药食两用植物，叶子可调制生菜，根部含菊糖及芳香族物质，可提制代用咖啡，促进人体消化器官活动。用它来喂鸡，也具有一定的保健作用。菊苣草还耐寒、耐旱，正适合北京的气候。

真希望到时候，油鸡们能喜欢我们精心为它们准备的这些"小零食"。

被誉为"蛋白质饲料宝库"的黄粉虫

农场的小兔子们正在采食菊苣草

科学实验的循序渐进

2015 年 5 月 24 日　晴转阴　33 ℃ /21 ℃

按照之前的计划，我们今天为笼养舍的 3 个组（普通组 LW、加虫组 LC 和加虫加草组 LQ）配制了相应的饲料。关于笼养的加虫加草组以及两个散养舍的菊苣草添加量，我们采取逐渐增加的方式，让油鸡们能渐渐适应。

后来我们查阅资料才得知，换料不能立即进行，它需要一个 2～3 天的过渡期。应先将原来的饲料与现在的饲料按一定比例进行混合，之后再逐渐提高需要替换饲料的比例，直至换料完成。遗憾的是，这次我们两个舍的换料都直接换了，希望这个失误的举动不会对油鸡们造成过分的应激。

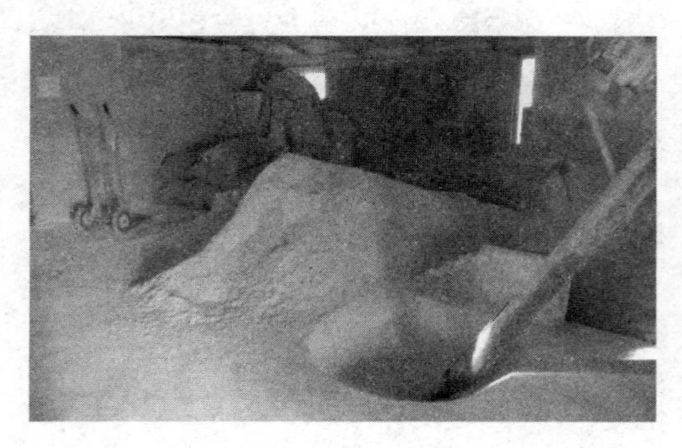

绿多乐农场里的料仓

好吃你就多吃点！

2015 年 5 月 27 日　多云　32 ℃ /21 ℃

经过这段时间对油鸡采食菊苣草的观察，我们发现油鸡对菊苣草尤为喜爱。两个散养舍的菊苣草均被单独放在一个盆内，与饲料隔开。每次喂料时，油鸡们都会先围着上来用炽热的眼光望向装着菊苣草的盆子，盆子刚放下，它们就立即一拥而上，争相抢食，生怕慢了一秒就少吃一口一样。通过回收剩料，我们也逐渐摸透了它们“挑嘴”的习惯——油鸡喜欢吃菊苣草鲜嫩的叶子，对于过老的叶子或者硬的根茎则不愿问津。了解了它们的喜好后，我们割草时就特意选了它们喜欢的嫩草切碎成大约 5 厘米长的条形，再投放到鸡舍内。这下，每次喂食后都能看到盆里空荡荡的。

农场的菊苣草长势极好，收割过后没几天又冒出新的嫩叶

考虑到笼养舍的油鸡们活动受限，我们为了方便它们采食吞咽，将菊苣草切得更为细碎，拌在饲料里。不过即便如此，加虫加草组的油鸡们也依然会优先吃菊苣草。

油鸡们吃得快乐健康，就是对我们的最好回报。

跛脚——“行路难，难于上青天?”

2015 年 5 月 30 日　阴转晴　31 ℃ /19 ℃

今天喂料时，在散养有公鸡的鸡舍里我们看到了一只公鸡“落魄”的模样——羽毛散乱，头向后仰着，走路摇摇晃晃。仔细一看，竟然有一只脚跛了。看到这种情况，我们只能先将它单独隔离，希望它能够尽快恢复健康。再后来，我们又发现另一只公鸡也不太正常，这实在是太奇怪了。我们担心是传染病，于是继续观察。又发现有好几只公鸡走路的姿势有点“内八字”，部分母鸡也出现了这样的现象。一场虚惊，后来知道并不是传染病，我们才稍微安心了。这提醒我们以后还得多加留意鸡的动态。

“内八字”的走路姿势让我们颇为担忧，但通过观察发现没有影响

可别小看鸡的步态，小小的细节里面往往藏着大大的玄机。通常由于鸡肉骨骼生长缺陷会造成腿病的发生，从而降低了

鸡的福利水平。腿部异常的鸡常常要承受许多折磨，因为疼痛会改变它们的行为模式，增加它们的恐惧程度，有时候还会妨碍它们的正常采食和饮水。步态评分（Gait Score，GS）恰好是最直接反应家禽腿部发育状况的指标之一，通常设定为 0～4 分，分值越低，表示步态越自然，反之则越畸形。

“消失的鸡蛋”之“元凶”

2015 年 5 月 31 日　晴转多云　34 ℃ /23 ℃

上次“消失的鸡蛋”我们只是根据老鼠洞来判断“作案者”是老鼠，但今天我们终于也充当了一次“人证”，看到了它们的“作案现场”。

下午捡蛋时，仍是那个老鼠洞，洞口处陷进去一个鸡蛋。出于好奇心，我们上前将鸡蛋捡起。万万没想到，这只是一个鸡蛋壳，卡在洞口的部分还是完整的，不过内在的蛋液已经全部被吃空了。我们猜想，应该是这个鸡蛋的体积比以往的更大，所以这次才没有被整个拖进老鼠洞内。看来，精明的老鼠本着“不浪费食物”的原则，还是“掏空”了这只可怜的鸡蛋。

每天收集鸡蛋后，我们还会根据不同组别和日期用马克笔做标记

又见黄耳鸡：“孤家寡人，爱江山更爱美人！”

2015 年 6 月 3 日　多云转阴　32℃ /22℃

黄耳鸡的公鸡自从 5 月被买回来以后，我们担心将它投放进散养舍群体内会造成不同群体之间的争斗，如果因此受伤就太遗憾了。因此它一直被安置在牧场后方的独立鸡舍内，那里环境清幽，居住条件是无可挑剔。它的“皇宫”还带有自动饮水装备，饲料每天都会有专人（我们）按时送来。但即便过上了“锦衣玉食”的生活，它也依旧“闷闷不乐”，采食量也不多，偶尔听见它的打鸣声也没有刚来时响亮。

帝王的回眸——颇有遗世而独立的风范

我们也了解鸡是社会性动物，看着“郁郁寡欢”的黄耳鸡，明白最好是群体饲养。为了让它恢复心态，我们为它“选”了几位来自油鸡群体的“嫔妃”，还从集市上花 150 元购买了那只黄耳母鸡。

还记得 3 只北京油鸡刚进舍时，黄耳公鸡还“害羞”地躲闪到一旁，后来没过多久，几只鸡也就和谐共处了。现在的黄耳公鸡显然已经恢复昔日的“雄风”，有时去给它们喂料，还能听见它扬首高声打鸣，观察它的羽毛也是熠熠发亮。我们今天购买的这只黄耳母鸡刚放进鸡舍时，其他 3 只北京油鸡显然对它不感兴趣，都在埋头吃料，只有黄耳公鸡在警惕地“打量”着它，想必还需要一点时间让它们“磨合”。让我们一起静候它们“早生贵子”的佳音吧。

我们相信，它们“和谐共处”的日子一定不会太远

解剖——“知己知彼”

2015年6月5日　晴转雷阵雨　32℃ /20℃

今天在郝场长的带领下，我们来到另外一个农场参观。该农场也养了近2 000只北京油鸡，不过不看不知道，一看吓一跳。这里的鸡体型普遍瘦小，有些甚至可以用“皮包骨”来形容，它们的羽毛毫无光泽，精神也十分萎靡。原以为它们是育成阶段的鸡，向这边的工作人员询问了鸡的日龄后，发现它们竟然和我们饲养的北京油鸡是同一日龄。农场的人说他们的鸡明明已经到了产蛋期却几乎不下蛋，所以专门请郝场长过来帮忙看一下鸡的症状，寻求解决问题的方案。郝场长希望我们也能够多增长见识，因此也带我们过来参观。

在农场工作人员的请求下，我们解剖了其中一只刚刚死亡的鸡。我们先是查看了呼吸道，然后打开胸腔后，发现基本没有血液，仔细解剖后发现各种器官也都没有什么异常。但我们发现它们的体液都很少，感觉像是长时间没有喝水一样。我们捏了一下死鸡的嗉囊，里面空荡荡的，解剖肌胃后发现里面全是青草和玉米。此时，我们已经大致明白事情的起因和经过了，为了证实我们的想法，我们又提出想看一眼农场提供的饲料，因为料仓离得较远，所以工作人员口头回答了我们的疑问，说这里并没有饲料配方，是经营者按照自己的经验，只给北京油鸡饲喂玉米和麦麸，而像维生素、矿物质等完全没有添加。更甚者，经营者认为只饲喂玉米才叫“绿色无公害”和“有机”，不让工人喂他认为“乱七八糟”的预混料、药物等。而农场的水源似乎也时有时无，此时又正值夏季，鸡喝不上水，自然体液稀少，饥渴的油鸡们只好靠吃青草来补充水分，但也是杯水车薪，别说产蛋需要高营养饮食了，就是“吃饱饭”这条基准线它们可能也达不到。

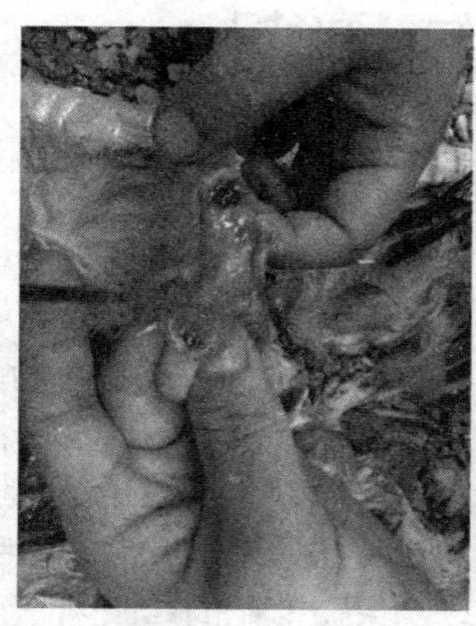
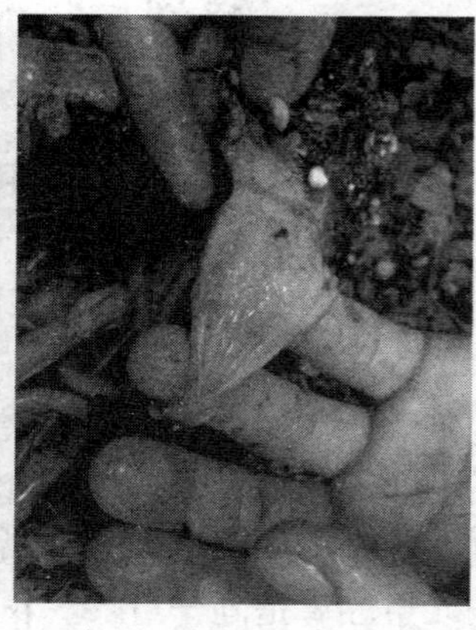

解剖后，从肠道和肌胃内容物判断，这些鸡生前只吃玉米和青草

所以这些油鸡的惨状并不是由于疾病造成的，而是因为营养不良和缺水造成的。这就好比一个人每天只吃肉而不吃别的，这样下去终究会出问题。经过一番交流，该农场很快就决定修改饲料配方，并且先饲喂一些葡萄糖水之类的液体来缓解油鸡们目前的症状，同时他们也表示水源不足的问题会积极解决。

真是不对比不知道，我们的油鸡算是养得相当科学了。这次的经历也值得我们深思，养殖行业应当与时俱进，而非故步自封。说实话，大家对农业存在太多的误解，要让养殖者获得更科学的知识，仍是任重道远。

预防——对症下药

2015 年 6 月 10 日　雷阵雨　28 ℃ /18 ℃

今天又来到了上次参观的农场，看到这里的油鸡已经用合理的饲料配方喂养，明显看出状态有所好转。

这次发现，他们的油鸡感染了我们前段时间经历过的由支原体引起的传染性慢性呼吸道疾病。于是我们将之前的应对方法教给他们，说明了用药种类以及预防方法等。

要想将鸡养好，花费的心思可是一点也不能少。

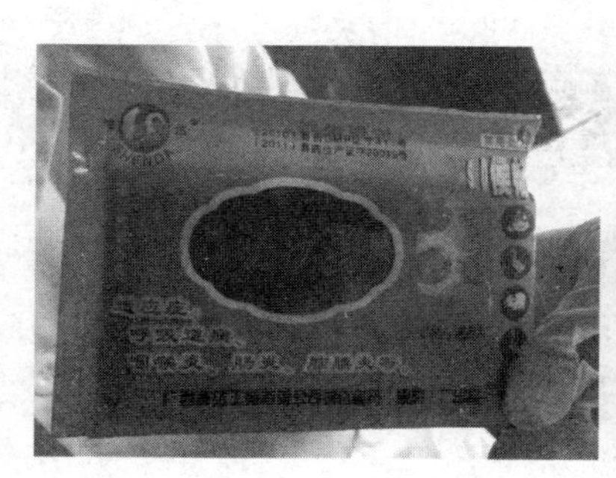
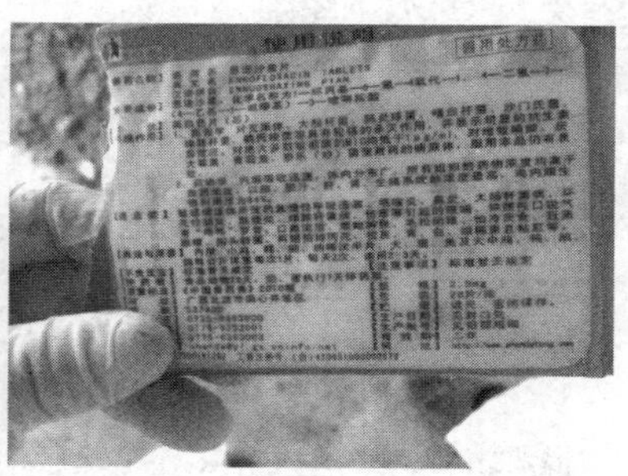

药不能乱用，需要“对症下药”

中药养鸡防中暑

2015年6月13日　阵雨转多云　28℃/17℃

今天喂料时，我们发现拌料中多了一些细小的“干花”，颜色有点偏橘黄色。经询问才知道，这是晒干了的万寿菊。据郝场长介绍，万寿菊是一味中药，以6‰的比例混入饲料中，在炎炎夏日里有预防鸡中暑的功效。现在使用的菊花则是去年场里种植的，当时将其晒干贮存，以备今年使用。

我们通过查阅得知，万寿菊（*Tagetes erecta* L.）既可以作为观赏植物，也可以作为食用花，其油炸后很美味。不过最重要的还是它的药用功效——它的根部可以解毒消肿，用于治疗上呼吸道感染，如百日咳、支气管炎等；叶子可以治疗无名肿毒；花可以清热解毒，化痰止咳。

现在很多消费者追求绿色有机的食品，有些人对抗生素等谈之色变，而中药养鸡似乎可以打消部分人的疑虑，让他们觉得很放心。我们也认为使用中药预防疾病的确是有好处的，至少可以降低鸡的发病率。

与“菌”一战

2015 年 6 月 16 日　雷阵雨　31 ℃ /22 ℃

今天我们在笼养舍发现有一只鸡死了，经过这段时间的“历练”，我们已经对此“见怪不怪”了，并且学会了通过解剖观察病症，对照着书中或网上的图片与描述判断是何种疾病，如果没有完全对应上或没有见过的，我们也会寻求牧场的常驻兽医许良的帮助。

这次的解剖，我们发现死去的油鸡的肠道内出现了出血点，和兽医小许沟通后，我们认为最有可能的原因是大肠杆菌感染。

提起大肠杆菌，它的历史可谓悠久，大肠杆菌（*Escherichia coli*）属于革兰氏阴性细菌（G^-），又称大肠埃希氏菌，于 1885 年被 Escherich 发现。部分特殊血清型的大肠杆菌对人和动物具有病原性，尤其对婴儿和幼畜（禽），常引起严重腹泻和败血症。大肠杆菌是一种普通的原核生物，根据不同的生物学特性可将致病性大肠杆菌分为 6 类：肠致病性大肠杆菌（EPEC）、肠产毒性大肠杆菌（ETEC）、肠侵袭性大肠杆菌（EIEC）、肠出血性大肠杆菌（EHEC）、肠黏附性大肠杆菌（EAEC）和弥散黏附性大肠杆菌（DAEC）。

那么一向“与地隔绝”、只居住在笼子高架上的笼养鸡，怎么会感染大肠杆菌这样的疾病呢？我们分析最有可能的原因是饲料以及饮水的污染。

此时进入夏季，堆放饲料的料仓有时候能看见苍蝇乱飞的现象，而且晚上也会有老鼠出没；至于饮水方面，自从换了一套自动饮水装置后，虽然可以保证油鸡任何时候都能喝上水，水箱的盖子也是密闭的，但由于水箱长期只是添水而未能经常清洗，所以箱内都出现了菌斑。

无论是散养舍还是笼养舍，饮水器和水箱都需要定期清理、消毒，防止“病从口入”

虽然饲料方面我们无法改善，但饮水方面还是力所能及的保证清洁，我们决定以后每周都清理水箱，确保鸡能饮上干净水、放心水。

吃与被吃：“舌尖上的小轮回”

2015 年 6 月 20 日　晴　32 ℃ /19 ℃

俗话说“民以食为天”，北京油鸡的命运与人类也是息息相关。其原产于北京，由于人们对禽产品有特殊的需求，经长期的选择和培育，终于形成了北京油鸡这一外貌独特的地方品种。而之前也曾提到过北京油鸡因为其肉质细嫩、肉味鲜美而令慈禧太后青睐有加，后来得名“中华宫廷黄鸡”。

由于油鸡早期生长较慢，因此要想尝一尝新鲜，就得耐得下心等待。不过也恰好因为这样，随着时间体内脂肪的风味物质也逐渐沉积，配合北京油鸡细嫩的肉质，正相得益彰。而且北京油鸡的采食量少，哪怕一只鸡放开肚皮吃，也不过二两料（100 g），对于饲养者而言并不会造成经济困扰。

我们每天为它们准备“可口”的饲料和干净的水，还额外添加了黄粉虫、菊苣草和万寿菊等“小零食”，可谓是好吃好喝地“供着”。不过昔日的北京油鸡，今日反过来要沦为人们的“口中餐”。我们开展了肉蛋品尝实验。先分别从笼养舍的加虫加草组以及散养无公鸡舍中取出一只母鸡，再完全采用相同的方法进行烹饪——拔毛、开膛、破肚后，仅加入盐和水将其熬制烹熟，不添加其他的调料，这样能将其中的自然风味提升到最佳境界。

然后再邀请我们团队的 leader（组长）——中国农业大学的赵兴波教授介绍的十余名嘉宾参与这次的品尝和打分活动。品尝鸡肉期间，有人表示两种鸡的口感明显不一样，有人说散养鸡的肉相比于笼养更嫩，有人认为笼养的吃起来比较好，也有人表示没有吃出区别。

从散养组里挑出的鸡来烹饪

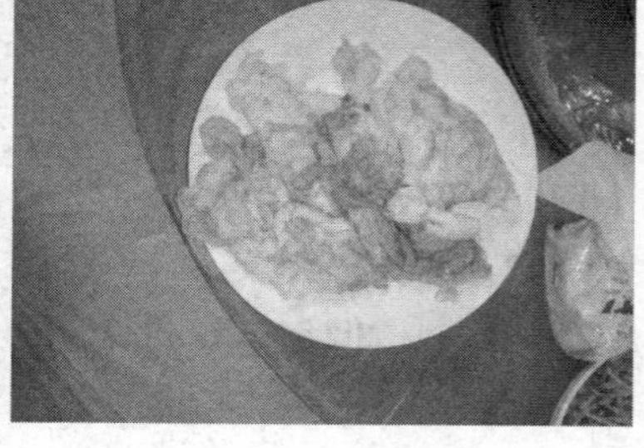

从鸡舍里现捡的鸡蛋来炒熟

我们又分别将5种类型（笼养加虫加草组、笼养加虫组、笼养普通组、散养有公鸡组、散养无公鸡组）的鸡蛋每组分别煮了5个，切成若干瓣装在大盘子里，也能明显看出，笼养加虫加草组、散养有公鸡组和散养无公鸡组的鸡蛋的蛋黄颜色更明艳。

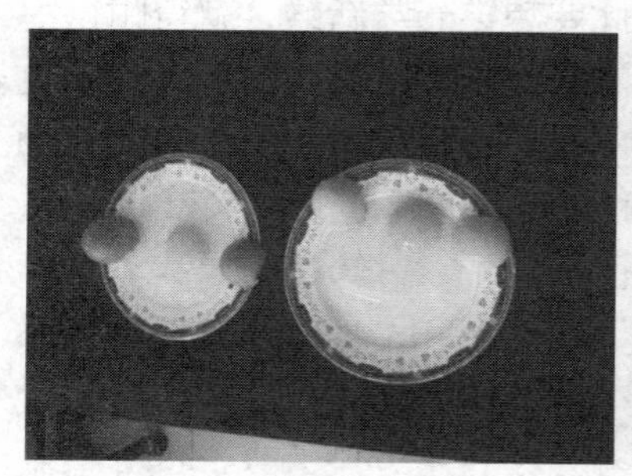

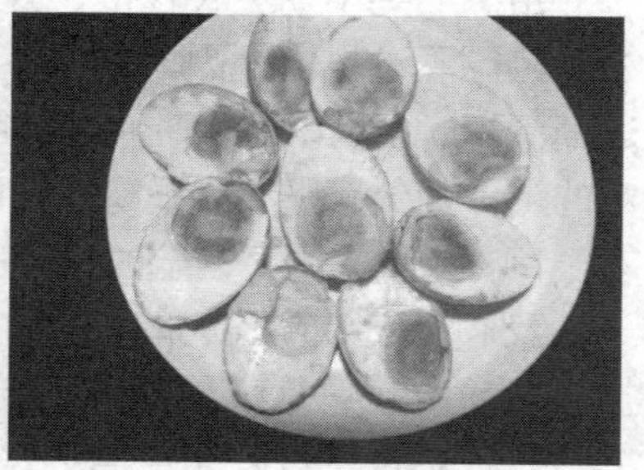

根据蛋黄颜色判断，散养组最深，得益于黄粉虫与万寿菊的天然色素沉积

虽然这次品尝实验顺利地开展了，但我们觉得还是不够完善，如果要将这些风味对比实验具体化，应该制定一套实验方案。这次实验我们是预先告知嘉宾们哪只鸡是笼养鸡，哪只鸡是散养鸡，可能在心理上具有一定的引导性，我们计划下次使用盲测的方法，先不告诉嘉宾们品尝的是哪种模式饲养的鸡，先让他们品尝打分后，再公布答案。

如果品尝实验次数更多，邀请的嘉宾人数也更多，在大量数据的支持下，我们也会有所收获。

"英年早逝"

2015 年 6 月 21 日　多云　32 ℃ /21 ℃

近期笼养组已经死亡了好几只鸡，我们经过解剖发现，这些死亡的笼养鸡均有一个共同特点——它们卵巢都没有发育，换句话说，就是还没有下蛋。

死亡的鸡从外表上看，并没有明显的病变特征

我们每天都会记录产蛋率，所以通过初步统计，目前笼养鸡的产蛋率已经超过 50%。我们设想，如果能尽早挑出不产蛋的鸡，一来可以集中观察它们是否存在疾病或者死亡的隐患；二来可以确认不产蛋的鸡的数量，也可以在接下来的品尝实验中优先屠宰这些不产蛋的鸡。

我们连续两天用不同颜色的便利贴给产蛋鸡做标记，经过筛选后终于明确哪些鸡是不产蛋的。但为了更进一步验证，我们将这些不产蛋的鸡陆续做上标记，然后等待结果，如果观察到它们产蛋，将会撕掉相对应的标记。

肚子里的“线虫”

2015年6月22日　阴转雷阵雨　31℃ /22℃

常有人用“肚子里的蛔虫”夸赞另一个人聪明和善解人意，这当然只是一种夸张诙谐的比喻。实际上，当一个人肚子里真出现了蛔虫，那可不是什么好事。像蛔虫这样的寄生虫，无论是处于哪一种发育阶段，一旦寄生在人体内，除非彻底驱虫，否则会一直给人体造成危害。如幼虫在人体旅行的过程中，如果误入歧途就可以造成各种异位损害，如转移到眼球可引起失明，转移到肝脏可引起肝肿大。成虫定居在肠道内，由于虫体本身对肠道的机械刺激以及它所分泌的毒素和代谢产物，可以引起消化道功能紊乱，如腹痛、食欲不好、腹泻等。一旦发热或发生呕吐时，可以呕出蛔虫，蛔虫亦可从鼻孔或肛门爬出来或随大便一起排出。

蛔虫感染严重时，可以使儿童发生营养不良、智力迟钝和发育落后。蛔虫还有爱钻孔的习性，最常见的是胆道蛔虫，蛔虫钻入胆道内，发作起来会有一阵阵的上腹部剧烈绞痛，使患者哭叫、打滚、出冷汗。也可以发生蛔虫性阑尾炎，如继续发展可使阑尾坏死、穿孔而形成蛔虫性腹膜炎。蛔虫集结成团，可以堵塞肠管造成蛔虫性肠梗阻，如不及时有效的治疗，也可以发生肠坏死和腹膜炎。

看到这里，我们也忍不住背后冒冷汗。同样的事情，如果发生在鸡身上，又会是什么样的情形？

我们今天解剖两只鸡时，发现了这个现象。我们在死亡鸡的小肠部位均发现存在大约5 cm长的白色长型线虫。

据了解，鸡线虫病（Nematodosis）是由线形动物门线虫纲

（Nematoda）中的线虫所引起的寄生虫病，线虫外形一般成线状、圆柱状或近似线状而得名，患鸡有精神萎靡，头下垂，食欲缺乏，常做吞咽动作，消瘦，下痢，贫血等症状。

对于散养舍的鸡，定期驱虫是十分必要的，虽然农场尚未进行这一步骤的工作，但因为从这次连续解剖的两只鸡体内发现了线虫，我们与农场的主管人员积极沟通后，农场也决定购买驱虫药拌在饲料中进行驱虫。

五、为伊消得人憔悴——科研的乐趣

蛋品质测定：实验数据更科学

2015 年 6 月 25 日　雷阵雨　28℃ /21℃

上次还觉得通过品尝打分有点偏向个人口味的主观成分，这次我们团队联系了中国农业科学院的刘华贵老师，专门请他和他的团队为我们的鸡蛋做一个系统的鉴定——肉、蛋品质测定。今天先做的是蛋品质测定，从当天产下的 5 组新鲜鸡蛋中，每组随机抽选 30 枚鸡蛋。

散养组和笼养组的鸡蛋，仅凭外表难以看出区别

蛋品质测定是科学的方法。先对蛋品质的概念做一个定义——通常是指外形（大小、形状、清洁度、光泽）与内容物的品质（蛋白的黏稠度、色泽，蛋黄大小、形状、色泽，气室大小、气味、微生物状况、药物残留等）。影响蛋品质的因素包括

遗传、饲养管理、饲料、疾病、鸡龄、应激、蛋贮存期等。通过测定蛋品质，可以检验蛋的新鲜度、食用品质，进行蛋品的分级，还能够反映出种质资源特性（遗传特性）、饲养状况与条件，并可以借此积累育种、饲养管理的技术资料。

蛋品质测定的一般指标包括蛋重，蛋壳颜色，蛋形指数，蛋比重，蛋壳强度，蛋壳厚度，蛋黄颜色，哈氏单位，血、肉斑和蛋黄比率等。

蛋重：蛋的重量不仅是评定蛋的等级、新鲜度等的重要指标，也是品种选育中的一项重要性状。蛋重的遗传力一般在0.4～0.7。用粗天平或电子秤测量，单位为克（精确到0.1克）。

蛋壳颜色：以肉眼观察记录。一般分为白色、浅褐色（粉色）、褐色、深褐色、青色（绿色）。遗传力在0.3左右，受产蛋量、杂交等因素影响。

蛋形指数：用来描述蛋的形状的一个参数。蛋形不影响食用价值，但关系到种用价值、孵化率和破蛋率。标准禽蛋的形状应为椭圆形，蛋形指数在1.30～1.35。蛋形指数大于1.35者为细长型，小于1.30者为近似球形。蛋形指数的遗传力在0.25～0.50，与蛋壳强度呈正相关。计算方法为：蛋形指数＝蛋的纵径长/蛋的横径长；纵、横径长用游标尺测量。

蛋比重：是区别蛋的新鲜程度的重要标准。禽蛋存放时间越长，气孔越大，蛋内水分蒸发越多，其比重越小。同时，蛋的比重是间接测定蛋壳厚度的方法之一，蛋比重在1.08以上，为新鲜蛋；1.06以上，次鲜蛋；1.05以上，陈次蛋；1.05以下，变质蛋。常用测定方法为盐水漂浮法，利用的原理是当物体在某一液体中处于悬浮状态时，该液体的比重就是该物体的比重。

从0级开始，将蛋逐级放入配置好的盐水中，能使蛋处于悬浮状态的最小盐水比重的级别即为蛋比重级别。最后求其平均值（表1）。

表1 不同级别盐水的比重（g/cm^3）

0	1	2	3	4	5	6	7	8
1.068	1.072	1.076	1.080	1.084	1.088	1.092	1.096	1.100

蛋壳强度：指蛋壳耐压程度的大小。蛋壳强度可用蛋壳强度测定仪进行测定，单位为帕斯卡（Pa）。国际上要求蛋在竖放时能承受 $2.65\times10^5\sim3.5\times10^5$ Pa（2.7～3.6 kg/cm^2）的压力。蛋壳强度与蛋壳厚度呈正相关。遗传力一般在0.3～0.4。通常禽蛋纵轴的耐压性强于横轴。

蛋壳厚度：受品种、气候、饲料等影响，良好的蛋壳厚度一般在0.33～0.35 mm。蛋壳厚度与蛋的比重密切相关，蛋壳越厚，蛋的比重越大。可用超声波蛋壳厚度测定仪直接读取厚度值。

蛋黄颜色：蛋黄色泽是衡量蛋黄颜色深浅的指标。蛋黄色泽对蛋的商品价值和价格有很大影响，国际上通常用罗氏(Roche) 比色扇的15种不同黄色色调等级比赛，出口鲜蛋的蛋黄色泽要求达到8级以上。饲料叶黄素是影响蛋黄色泽的主要因素。统计各级的数量后，再求其平均值即可。

哈氏单位：是根据蛋重和浓蛋白高度，按照公式计算出指标的一种方法，可以衡量蛋白品质和蛋的新鲜程度。哈氏单位是国际上对蛋品质评定的重要指标和常用方法。新鲜蛋的哈氏单位在80以上，随着存放时间的延长，蛋白质的水解可使浓蛋白变稀、蛋白高度下降，哈氏单位便会变小。当哈氏单位低于31时，则为次蛋。测量哈氏单位时，先把蛋打破倒在玻璃板上，在保持蛋黄和浓蛋白层完好的情况下，用蛋白高度测定仪，避开系带测量蛋黄周围浓蛋白层中部，取三个等距离点的平均值为蛋白高度。然后按下列公式求哈氏单位：哈氏单位＝100・log（H－1.7W0.37＋7.57）公式中：H为浓蛋白高度（mm）；W为蛋白重（g）蛋的最佳哈氏单位指标为75～80。

血、肉斑：是由于排卵时，卵巢小血管破裂的血滴或输卵管上皮脱落物形成的，与种质特性有一定关系，遗传力在0.25左右，经过选择能够降低发生率，但不能根除。

蛋黄比率：能反映出蛋黄所占全蛋的比例，数值越大则表示蛋品质越好。将蛋打破后，去除蛋白及系带后，测定蛋黄比重。蛋黄比例（%）=(蛋黄重/蛋重)×100%。

公鸡的处世哲学

2015 年 7 月 3 日　雷阵雨　31 ℃ /23 ℃

有道是“雄鸡一唱天下白”，几千年来，鸡鸣声一直被认为是黎明破晓的标志。那么，闻鸡起舞的你，又是否知道率先开唱的是哪只雄鸡？凌晨 4 点，太阳还倦意绵绵地缩在被窝里，我们便已出门，通过对北京油鸡的日常行为观察，来解答这个疑问。

“雄鸡一唱天下白”——屋顶上的公鸡正“引吭高歌”

尽管已经进入炎热的夏季，但凌晨的清凉还是让我们不由得裹紧了身上的衣服。除了鸡舍四周的角落安装好的红外摄像头，还需要借助数码摄像机进行录像拍摄。将数码摄像机位置摆设完毕，按下记录键，我们屏住呼吸等待。忘记过了多久，只记得又困又冷之际，终于听见鸡舍传来一声清脆而洪亮的打鸣声——“喔喔喔！”我们随即竖起耳朵，判断声音的来源——原来是鸡舍右侧的方向，我们也如愿以偿地知道了发出第一声鸣叫的公鸡的身份。

来自日本名古屋大学动物生理学实验室的新村毅（Tsuyoshi Shimmura）和吉村崇（Takashi Yoshimura）也对此深感兴趣，他们于《科学报告》（Scientific Reports）上发表了关于鸡群中占据最高地位的雄鸡扮演着率先鸣叫的领导角色、其他鸡则会严格按照社会地位的递减而依次鸣叫应和的论文。除此之外，论文还提到具有最高地位的“鸡老大”，在交配、食物及住房资源上都享有优先权，其他成员的行为也与其社会等级相符的研究发现。

那么为什么鸡群中公鸡的打鸣顺序会遵照它们社会地位的高低排序呢？为什么率先报晓的又通常是地位最高的那只公鸡呢？

新村毅在文章中为我们揭晓了答案。

鸡是一类具有高度社会习性的动物。当鸡群的规模较小（不足10只）时，每只鸡能够彼此识别。在这种情况下，它们会通过互啄、打斗来确认自身所处的地位。一旦笼子里的鸡都已经清楚彼此的排名后，它们就几乎不再打斗了，从而形成严格的社会等级（Shimmura et al.，2015）。

新村毅将已经形成了森严等级地位的4只雄鸡作为一组，同时豢养好几组进行观察，他发现几乎每一天（＞95％）都由各组领头的“鸡老大”率先起鸣，接下来老二、老三和排名最后的老四依次跟随打鸣。尽管每天“鸡老大”的打鸣时间略有不同，但是它的“小弟们”却严格贯彻着“让领导先叫”的“个鸡崇拜主义”路线。它们的起鸣时间永远都是跟随在更高地位的雄鸡之后，此外，鸣叫次数似乎也是地位的一个象征——老大永远进行着最多次数的打鸣。

很快，新村毅又提出了假设，假如没有了“鸡老大”，鸡群还打鸣吗？如果继续打鸣，打鸣时间又会不会一样呢？接下来，新村毅把每一组的领头鸡取出，让剩下的3只鸡继续相处。结果发现，此时老二就会翻身做主人，占据小组中的领导地位，像一个真正的老大一样行动；而另外两只鸡也自然而然地“晋升”为老二和老三。对它们而言，生活还是会继续——只不过领导换了而已。于是谜底揭晓了，一旦“鸡老大”不在了，“小弟们”便会依次向上升级，原本的老二获得了率先打鸣的权力。

有趣的是，在这种条件下，如果把领头鸡取出，原来的老二起鸣的时间会与之前有所不同。这一结果与新村毅起初的设想不同——他曾以为“下属”鸡的生物钟会因长期被“领导鸡”带领的，与“领导鸡”的生物钟逐渐趋于一致，但事实上，这些“小弟们”依然保持着它们自己的生物节律。这一结果意味着，每天清晨，当“扛把子鸡”大喊一声“起来嗨”的时候，它的“小弟们”其实可能还没有到达自己起鸣的最佳时间点，但是在森严的等级压制下，它们还是追随领导的脚步。同样，即使下属们在领导开嗓之前就想要鸣叫，它们依然会耐心地等待“领导鸡”先“表态”——直到它们有朝一日“当家作主”，它们才终于有机会，按照自己的节奏号令“群雄”。

从今以后，当你听到清晨的第一声鸡鸣时，你便知道，那是最强健而自由的呐喊。

鸡的“选美”

2015 年 7 月 9～11 日　雷阵雨　31 ℃ /23 ℃

上次我们只提到了鸡的步态评分，并没有开展实际评分工作。从今天开始，我们将对所有组进行为期 3 天的“全套”体况评分。尽管这只是一次预实验。原计划是每个组随机选出 12 只鸡，由三个人配合工作：一人负责抓鸡并保定（如防止鸡跑进粪堆或我们抓不到地方）；一人负责为鸡称重、拍照；一人负责记录鸡的体重数据，然后使用 DV 录下鸡行走时的姿势。

体况评分包括步态评分（Gait score，GS）、羽毛质量评分（Feather condition score，FCS）和鸡脚灼伤评分（Foot pad dermatitis score，FPDS）3 项。每一项均为分值越高，则对应部位损伤程度越严重。

步态评分标准为 0～5 分，步态评分的方法参照 Dawkins 等（2004）并略加改动，步态评分标准详见表 2。

表 2　步态评分

评分	标　　准
0 分	能够正常行走，步态平稳灵活
1 分	轻微的步态缺陷
2 分	有明显的步态缺陷——跛行，不稳等，但不影响行动和资源竞争
3 分	有明显的步态缺陷，已经影响到其行动能力
4 分	只有在外界强烈的刺激下才能行走
5 分	不能行走

散养鸡的步态优雅，自然；笼养鸡的步态微跛，甚至瘫痪难行

国际上常进行羽毛质量评分的部位包括颈部、背部、翅膀、胸部、腹部和肛门6个部位，但因为北京油鸡具有“凤冠、毛腿、胡子嘴”的特点，因此我们又额外添加了头部和爪部这两个部位的羽毛评分。各部位评分标准为0～4分，羽毛质量评分的方法参照Wechsler和Huber-Eicher（1998），羽毛质量评分标准详见表3。

表3　羽毛质量评分标准

评分	标　准
0分	羽毛质量良好，没有损伤
1分	羽毛受到损伤，但未裸露皮肤
2分	裸露面积小于3 cm×3 cm
3分	裸露面积大于3 cm×3 cm
4分	完全裸露

鸡脚灼烧评分即足垫皮炎评分，评分标准为0～4分，足垫皮炎评分的方法参照Michel等（2012）并略加改动，足垫皮炎评分标准详见表4。

表 4　鸡脚灼伤评分

评分	标　　准
0 分	足垫无病变和肿大
1 分	足垫肥厚，角化过度覆盖的黄褐色分泌物面积低于 50%
2 分	足垫肥厚，角化过度覆盖的黄色褐色分泌物面积高于 50%
3 分	足垫凹陷性病变，表皮损伤（溃疡）伴有或无深厚的结痂面积低于 50%
4 分	足垫凹陷性病变，表皮损伤（溃疡）伴有或无深厚的结痂面积高于 50%

北京油鸡的足垫（可以根据足垫的损伤程度进行鸡脚灼伤评分）

7 月 9 日下午，我们先为笼养加虫加草组（LQ）的鸡进行体况评分。刚开始我们因为从未接触过这样的工作，进行速度相对慢一些，好在笼养舍的鸡在取出时并没有格外挣扎，因此省却了保定的麻烦。

一部分鸡从笼子里出来后，放在地面上根本不走动，始终趴在原位，哪怕人为地驱赶，它也摆出一副“雷打不动”的架势；另一部分鸡出来后，待在原地站立不动，赶一赶，也会走上几步，看步态的模样和正常鸡走路姿势没什么差别；还有一部分鸡虽然可以走动，但走路姿势显然格外别扭。为它们录制 DV 的时间也是时快时慢，快的时候仅需要30秒，慢的时候则要录上几分钟。

部分笼养鸡直接“瘫痪”在地，人为驱赶也“雷打不动”

7月10日，全天进行体况评分：上午对散养无公鸡组（SW）评分，下午则对笼养加虫组（LC）评分。有了对比才知道，散养舍的油鸡是多么地活泼。抓鸡时就已经很难了，好不容易抓住，刚放在地面它们又立刻跑得没了踪影，速度敏捷得令人叹为观止。无论是抓拍照片还是录制DV，难度都是相当大的。幸好经过前一天的“磨砺”，熟悉了流程的我们也能够顺利开展工作。而笼养舍的情况则和昨天一样，不会走路的鸡占大多数。

7月11日，也是全天进行体况评分：上午对散养有公鸡组（SY）评分，下午则对笼养普通组（LW）评分。情况与7月10日类似。

防暑保卫战

2015 年 7 月 15 日　雷阵雨转阵雨　30 ℃ /23 ℃

今天笼养舍的加虫加草组（LQ）又有 2 只鸡死亡了。我们做好死亡记录后，按照惯例解剖查看死因。说起解剖，我们觉得自己除了有“铲屎官”的身份，还意外地当了“法医”，要出一份或几份鸡的“尸检报告”。

其中一只因为死亡时间过长，尸体都僵硬了，即便解剖后也对找到死因没有帮助，故不作解剖；另一只解剖之后，初步观察后我们发现，其肠道内有臌气现象，肝脏肿大，输卵管糜烂，腺胃乳头有出血点。暂时没找到对应病症，我们只能先做记录“备案”，等有机会再和兽医小许商量。

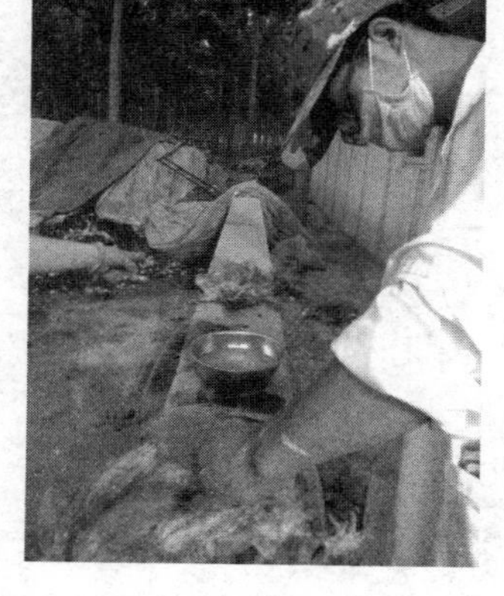

绿多乐农场的常驻兽医许良，给予了我们很多帮助

随着天气越来越炎热，笼养舍的位置通风显然不如散养舍的好，光靠万寿菊的解暑功效可能不够，于是我们又在笼养舍的水箱中添加了防中暑的维生素预混料。

这场炎热，恐怕还要持续很久啊！

天降甘霖解暑温

2015 年 7 月 16 日　雷阵雨　28 ℃ /21 ℃

今天突如其来的一场大雨，令温度突然下降。对人而言确实清凉了不少，不过对于鸡而言，由于连日来一直处在高温状态，鸡群整体状况不是很好，天气变化过快对于它们也是一种应激。

料　粪

2015 年 7 月 17 日　雷阵雨　28 ℃ /21 ℃

今天在笼养舍又发现加虫加草组（LQ）死了一只鸡。观察体表，发现这只鸡临死前排出的是蛋黄、血液和饲料的混合物，解剖观察后能看到肝脏有出血点及病变现象，肠道轻微臌气，但剖开肠壁并未发现出血点。

兽医小许说，这样的排泄物称之为“料粪”，即未消化的饲料随着粪便一起排出。鸡群拉“料粪”往往是由多种原因造成的，要有针对性地进行治疗，单纯使用抗生素治疗肠炎效果并不理想。不过，不管是哪种原因造成的“料粪”症状，都说明鸡群消化功能下降，所以进行有效的肠道调理、改善肠道内环境、恢复肠道功能是当务之急。

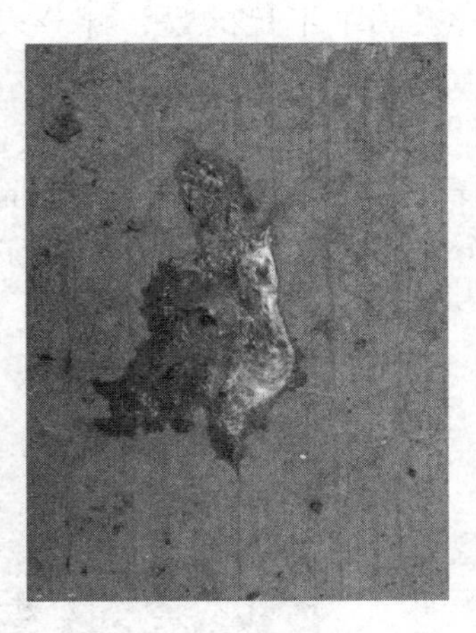

像这样掺杂了未消化饲料的粪便，称之为“料粪”

最有可能导致“料粪”的原因是肌腺胃炎。肌腺胃炎属于季节性疾病，每年的 5～9 月为高发季节。由于该病严重影响机体的消化系统、免疫系统和神经内分泌系统，会使鸡群采食量低下、生长缓慢、料肉比高。

肉蛋品尝实验

2015 年 7 月 18 日　雷阵雨　26 ℃ /21 ℃

今天上午，我们又迎来新的嘉宾到农场进行肉蛋品尝实验。我们仍旧是从笼养舍加虫加草组和散养舍无公鸡组中各取一只母鸡屠宰烹饪，另外，从 5 个组中各取 10 枚鸡蛋煮熟。经过上次的改进，这一轮我们先做标记，然后分别给嘉宾品尝。美中不足的是，评分表格设计得还不够完善，打分时有点慢。

集思广益，我们也收获了不少建议，如建议实验地点可以选择设置在门前，使嘉宾进门时可即刻品尝打分；将两个实验的评分表格都放在同一张纸上，这样就可以让每个人轮流填写；5 个

5 个小组的鸡蛋各煮 10 个，鸡蛋要带壳切成四瓣请嘉宾品尝

小组鸡蛋各煮 10 个，鸡蛋要带壳切成四瓣，方便每位嘉宾都能品尝到。

中午查看笼养舍情况，发现加虫加草组（LQ）又死了一只鸡，解剖后查找死因，基本可以判断它死于胆囊炎。胆囊炎是较常见的疾病。

散养的挑战——天气的急剧变化

2015 年 7 月 19 日　雷阵雨　26 ℃ /21 ℃

今天又下了一场雨，阴天闷热，我们为散养舍和笼养舍添加了防中暑药物。

泥泞的地面上，散养组的油鸡们无法正常进行沙浴行为

雨水给万物带来了滋润，却也令散养舍的地面变得泥泞不堪，这给散养舍油鸡的喂料、捡蛋工作增加了难度。也许是错觉，我们总感觉这场雨也令散养鸡的情绪低落了，可能是过于湿润的土地影响了它们的日常沙浴吧。反观笼养舍，笼养鸡们几乎没有经历过风吹日晒雨淋，天气变化对它们的情绪毫无影响。

风雨如晦，鸡鸣佼佼

2015 年 7 月 20 日　雷阵雨　28 ℃ /21 ℃

最近感觉散养舍的鸡真是多灾多病，我们也是操碎了心。今天上午在散养无公鸡组发现了一只病鸡，单独隔离出来后用了土霉素治疗。

土霉素是一种广谱抗生素，对革兰氏阳性菌、革兰氏阴性菌都有抑制作用，对衣原体、立克次氏体、支原体、螺旋体等也有一定的抑制作用，主要用于防治畜禽大肠杆菌病、沙门氏菌感染、巴氏杆菌病、鸡慢性呼吸道病。雨天积水严重，使用土霉素希望能够对病鸡起作用。

由于这几天晚上总是下雨，第二天上午去喂散养舍的鸡时，地面依旧泥泞。最可怕的是，因为雨水，使得运动场的泥土和粪便混合在一起，我们在去散养舍的路上，大老远就能闻到一股刺鼻难闻的气味。人闻到后觉得难受，不知道整天都要与这股味道做伴的散养鸡们做何感想？

听郝场长说最近要进入雨季，可能以后每天都会下雨，不知散养鸡舍的环境何时才能好转，实在是太糟糕了！

百日多病独登台

2015 年 7 月 21 日　雷阵雨　29 ℃ /22 ℃

仍旧是雷雨天气，笼养舍的普通组（LW）又发现了一只病鸡，我们也将其单独隔离出来用土霉素治疗。昨天散养无公鸡组（SW）的病鸡在用药之后，病情开始好转，可以吃料喝水了。我们去看它的时候，发现它能走动到比较远的地方了，真希望它能早日康复。

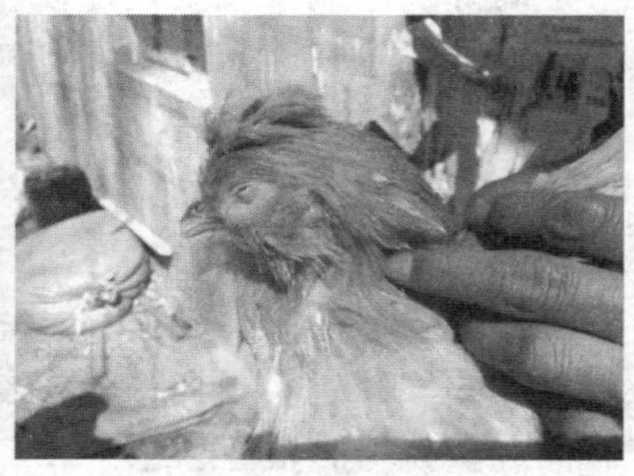

病恹恹的油鸡，我们也希望它能早日康复

兵来将挡，水来土掩

2015 年 7 月 22 日　雷阵雨　29 ℃ /21 ℃

上午 9 点去散养舍喂鸡时，我们看到了不一样的画面——好几座鸡舍的地面均已被填了一层土。

我们的散养有公鸡舍的门没有关严实，我们猜测这大概是来“填土”的工人们忘记关门了。虽然看不到泥泞的地面了，但是因为门没有关严，可能会有一部分鸡擅自外出，所以我们有必要对鸡的数目进行清点。万幸的是，清点结束后，鸡数完整无缺。其实也没必要担心，鸡是群体动物，长时间下来会很适应自己的小群体。

隆起的“小山坡”上，油鸡们感受到久违的干爽

农场最近在装修鸡舍，我们的鸡舍自然也不能“幸免”。凑近一看，鸡舍的窗户都已经被拆下来了，我们很担心会不会有鸡

从空荡荡的窗户飞出去。另外，散养有公鸡组运动场的栖架，也被填土的工人们拆除了，我们打算等这次装修完毕后再重新安装回去。

鸡舍的窗子因为装修也被工人们拆卸了

屋漏又逢连夜雨

2015 年 7 月 23 日　多云转雷阵雨　32 ℃ /21 ℃

雨季带来的烦恼不断。今天下午，我们又发现两个散养舍的水管都破裂了，真是祸不单行。水不但喷湿了鸡舍内的稻糠，也弄得舍外的地面泥泞不堪，很多鸡都成了“落汤鸡”。

忙不迭先将两个鸡舍的水龙头关闭，又更换了新水槽后，情况也是喜忧参半，喜的是漏水的问题得到妥善解决、可以保证鸡能随时喝上水，相较之前的水槽检修起来还更容易；忧的是露天的水槽容易让水受到污染，水管也更容易坏。

我们查看了鸡舍的水管，最近炎热的天气也是促使水管老化的元凶。我们询问了鸡场的工作人员，发现水管破裂的现象普遍存在，水管质量不过关给鸡舍带了很多麻烦。

鸡的自相残杀“虎毒亦食子”

2015年7月24日　雷阵雨转阴　31℃ /22℃

俗话说“虎毒不食子”，但是母鸡却会啄自己下的蛋。我们在笼养舍发现鸡啄蛋的现象比较频繁，如果蛋被啄破，鸡则会变本加厉啄得更厉害。

起初我们以为只是鸡的好奇心在作怪，但后来认为这是一种反常行为。

许多文献均提到，笼养鸡极易发生互相啄羽、啄肛和啄蛋的恶癖，出现这些不良习性的鸡群常常会惊恐不安、精神萎靡、食欲不振、体重下降，不仅降低了鸡的生产力，也给养殖场带来经济损失。

相较于散养鸡，笼养鸡更容易出现啄癖

了解到这些啄蛋带来的危害后，我们开始着手解决笼养鸡的啄癖。所谓“养重于防，防重于治”，我们从引发啄癖的原因入手调查。

饲料日粮中的动物性蛋白质（如鱼粉、蛋壳粉、血粉、羽毛粉、蚕蛹粉等）、硫、钙、磷的量不足时，容易引发啄癖；鸡舍的温度、湿度、密度、光照不适宜时也会引发啄癖；此外，啄癖还与鸡的品种、性别、年龄、体型等相关（余佳胜，1996）。

一旦发现鸡群也有啄癖，常采取的措施有以下几种：

（1）将患有恶癖的鸡隔离，单独喂养。

（2）对被啄伤的鸡要分开饲养，在伤口处涂抹有气味、杀菌的药品（如松脂油、樟脑油、碘酒等）进行治疗。

（3）在饲料中加入石膏粉或者高温灭菌后的血粉等，增设沙浴，并在运动场和鸡舍内悬挂青菜，任鸡群飞跳啄食，以分散其注意力，改变恶癖。

具体情况具体分析。我们查看了饲料配方，基本能够满足油鸡对蛋白质、硫、钙、磷等的需求，所以问题可能出在光照上。我们决定延长笼养舍开灯的时间，每天下午 6 点捡蛋以后开灯，直到晚上 10 点再关灯。

生 老 病 死

2015 年 7 月 25 日　多云　33 ℃ /23 ℃

今天上午，我们发现散养无公鸡组（SW）有一只病鸡已经奄奄一息了，本来打算先去看看笼养舍的情况再把它隔离出来，看能不能“抢救”一下。但是等我们回来时，发现它失踪了。询问了农场里的工作人员后，才知道在我们离开的这段时间，它已经病死了，被路过的员工看到后顺手捡去扔到了埋鸡的坑里。我们也不能解剖看病情了。

下午捡蛋的时候，我们发现笼养舍加虫组（LC）也死了一只鸡，解剖后发现病症和以往看到的略有不同。我们向农场的兽医小许请教，疑似为鸡弯曲杆菌性肝炎。

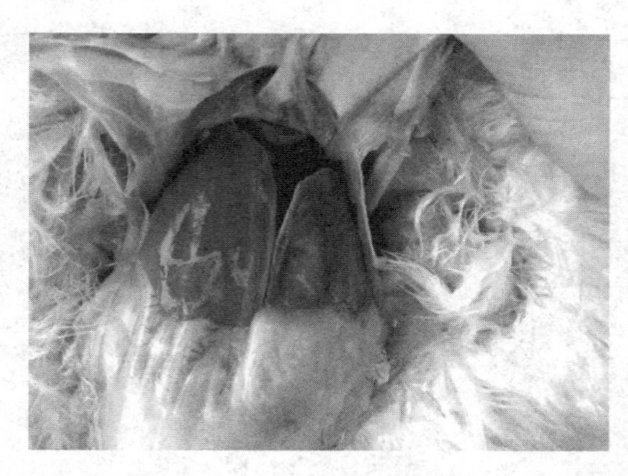

我们现场解剖了病死的鸡，发现肝脏脂肪层肥厚且伴有出血点

鸡弯曲杆菌性肝炎（Avain Campylobacter Hepatitis）又称

鸡弧菌性肝炎（Avain Vibrionic Hepatitis），是主要由空肠弯曲杆菌引起的幼鸡或成年鸡的一种传染病，以肝出血、坏死性肝炎伴发脂肪浸润，发病率高，死亡率低及慢性经过为特征。自然条件下，可发生于各年龄段的鸡，以产蛋鸡群和后备鸡群较多发，实验感染时，大鸡也可发病。因腹腔内常积聚大量血水，故又称“出血病”。主要通过染菌粪便、污染的饲料、饮水等水平传播途径而经消化道感染。空肠弯杆菌在雏鸡间有很强的横向传播能力，只要人工感染孵化器中的一只小鸡，24 小时后便可以从 70%与之接触的小鸡中分离出空肠弯杆菌。有研究表明，未能从已知带菌的火鸡群所产受精卵和孵出的幼火鸡中分离出本菌。本菌不穿入蛋中，在蛋壳表面的弯杆菌常因干燥而死亡。以上表明，本病经蛋垂直传播的可能性不大。本病的潜伏期约为 2 天，以缓慢发作和持续期长为特征。通常鸡群中只有一小部分鸡在同一时间内表现症状，此病可持续数周，死亡率 2%～15%。

病变类型又分为急性型、亚急性型和慢性型 3 种。

急性型常见于雏鸡，发病初期，有的不见明显症状，雏鸡群精神倦怠、沉郁，严重者呆立缩颈、闭眼，对周围环境敏感性降低；羽毛杂乱无光，肛门周围有粪便；多数鸡先呈黄褐色腹泻，然后呈糨糊样，继而呈水样，部分鸡此时即急性死亡。

亚急性型常见于青年蛋鸡群体，开产期延迟，产蛋初期沙壳蛋、软壳蛋较多，不易达到预期的产蛋高峰。呈现脱水、消瘦，陷入恶病质，最后心力衰竭而死亡。

慢性型常见于产蛋鸡，呈慢性经过，消化不良，后期因轻度中毒性肝营养性不良而导致自体中毒，表现为产蛋率显著下降，达 25%～35%，甚至因营养不良性消瘦而死亡。肉鸡则全群发育迟缓，增重缓慢。患病鸡精神委顿，鸡冠发白、干燥、萎缩，可见鳞片状皮屑，逐渐消瘦，饲料消耗减低。

值得注意的是，有不到 10%表现临诊症状的病鸡在肝上有肉眼病变，即使表现病变，也不易在一个病变肝脏上见到全部典型病变，应剖检一定数量的鸡才能观察到不同阶段的典型病变。

我们认为应当防患于未然。笼养鸡舍有可能存在这种疾病的隐患，所以我们计划为笼养舍进行一次全面的消毒。值得高兴的是，散养鸡舍的窗户终于维修完毕了。

生病的烦恼

2015 年 7 月 27 日　阴转雷阵雨　31 ℃ /23 ℃

近来天气阴晴不定，我们的情绪也随着天气一同转变。笼养舍加虫组（LC）的死亡鸡数又增加了一只，病症和上次提及的鸡弯曲杆菌性肝炎类似。祸不单行，上午 11 点农场突然停水停电，我们人倒不要紧，但是鸡没有水可不行。幸好下午 3 点及时来了水和电，不然还要愁水的来源问题。

下午较为闷热，去散养舍巡视时，发现有公鸡组（SY）又有一名“成员”“离世”了。解剖时，我们发现它右边的胸肌以及气管两侧全是白色的肿瘤类似物。这下又发现新病症，我们向农场的兽医小许咨询，这次也难倒了他。他从没有见过这种情况，于是我们暂时先拍照做好记录，再另找时间查阅资料。

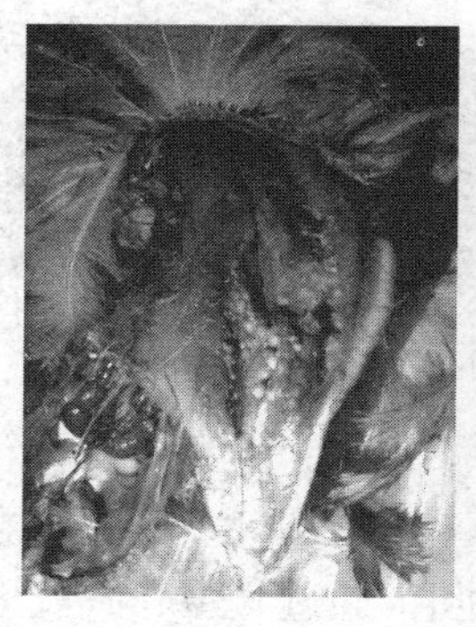
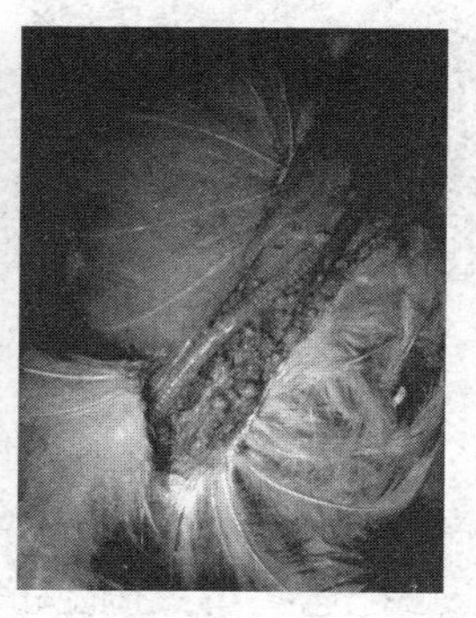

我们从未见过这些密密麻麻的白色“小瘤”，
即便是兽医许良，也说不上来这是一种什么症状

黄耳鸡一家

2015 年 7 月 29 日　阴　29 ℃ /23 ℃

今天是个喜庆的日子——黄耳鸡和北京油鸡的“爱情结晶”孵化出来了！

北京油鸡“嫔妃”们初来乍到时，我们观察到它们似乎和黄耳鸡这位孤独的“帝王”感情进展得并不是很顺利。白天它们也不怎么互动，平时进行采食、饮水、探索、沙浴等活动，也是各顾各的。没想到，我们在给黄耳鸡的“寝宫”打扫卫生时，竟然在鸡舍底下的一个土坑里找到了好几枚鸡蛋。

黄耳公鸡和它的“后宫佳丽”

此外，我们在鸡舍内也找到了其他的鸡蛋。总体而言，这些鸡蛋颜色略有不同，从外面观察，可能有些鸡蛋已经放置很久了。我们小心把这些鸡蛋掏出带回，通过照蛋，确认里面竟然存在受精蛋！这可真是不得了的喜讯，但遗憾的是这些鸡蛋已经有部分发臭，不能用于孵化了。不过，既然有了这个发现，那就意味着还有希望。我们连续好几天“蹲点”，每次看到黄耳鸡的鸡舍有新的鸡蛋，就会收集起来。等积攒了十多枚鸡蛋后，我们找了一只“代孵”的北京油鸡母鸡，做了一个鸡窝便于它孵化。

鸡的孵化期通常为 21 天，耐心地等待了大半个月后，我们终于看到小鸡破壳而出的情景，虽然没有全部孵化出壳，但仍有好几只小生命顽强地活了下来。

黄耳鸡与北京油鸡杂交诞生的小鸡，寸步不离围绕着孵化它们的“鸡妈妈”转悠

通过黄耳鸡的外表，我们也能猜测出它们的故事。这些小鸡的羽色均呈现黑色，而北京油鸡的小鸡则为淡黄色，显然这些小鸡都带着北京油鸡的血统；从当初孵化的鸡蛋大小也能看出，黄耳母鸡下的蛋比北京油鸡母鸡下的蛋更小，孵化期间照蛋的结果是，黄耳母鸡的蛋呈现未受精状态。虽然有些遗憾，但我们相信以后仍有机会见证黄耳鸡“纯正血统”后代诞生的时刻。

没有消息就是好消息

2015年8月3日　阴转多云　30℃ /21℃

今天是阴天，气温也不算太高，因而没有再往饲料和水里添加防中暑药。鸡群的情况一切照旧，总体而言，还是很好的。

因为所学专业的缘故，总有亲戚朋友来向我们询问，他们在朋友圈看到的有关食品安全报道的新闻是否属实。随着人们生活水平的提高，越来越多的人关心食品的安全性。提起食品安全，不少人会发出这样的感叹：以前山是绿的，水是清的，地里是不施化肥的，鸡鸭鱼是不吃饲料的。但现在面临的现实却是，地球资源有限，要想养活这么多人口，不依靠现代化种植、养殖技术，是无法满足人们对食物的需求的。

有一段时间，人们谈“鸡”色变，快大型白羽肉鸡40天左右出栏的报道，让有些人觉得是因为鸡被注射了生长激素，所以才会长那么快。这类型的鸡被称为“速成鸡”，养殖周期短，肉质嫩，便于分割烹饪，在我国养殖量非常大，平均体重可达2.25千克。

我们需要了解的是，目前中国人每年要吃掉1 000万吨以上的鸡肉，人均消费10千克左右。如果是传统养鸡模式，一只鸡需要喂养半年以上才能出栏，以这样的速度和成本，会造成两个后果：一是吃不到鸡，二是吃不起鸡。因此，1950年，现代养鸡业在德国应运而生，并很快传入美国，得到快速发展。一些育种公司本着让鸡多长肉、快长肉的目的，对鸡的品种进行选育，促使鸡的品种不断进化，从而越长越快。据联合国粮农组织统计，全世界肉鸡的平均出栏时间从1960年的67天，缩短到目前的42～48天，其中最具代表性的就是被央视曝光的美国育种的白羽肉鸡。2005

年我国修订的《商品肉鸡生产技术规程》中规定，肉鸡在6周龄也就是42天时的体重指标为2 420克。也就是说，肉鸡40多天养成出栏宰杀，并非中国特色，这在全世界肉鸡养殖业都是正常现象，是业内早已人尽皆知的常识，只是大多数消费者不了解而已。

被人们称为“速成鸡”的白羽肉鸡，是“快大型”肉鸡的代表性品种，生长迅速，肉块大，被肯德基、麦当劳等快餐连锁企业普遍使用。那么它为什么可以长得这么快呢？其实是品种选育的结果，这得益于鸡种的不断优化和改良。可以说它们天生就是用来长肉的。中国在20世纪80年代开始大规模地引进白羽肉鸡的种鸡，自那以后，鸡肉产量才有了飞跃。事实上，种鸡的选育至今仍然是个高科技产业，难度很大。目前，全世界仅有少数几家大型育种公司掌握这项技术。

合理配比的饲料也是促使它们生长迅速的原因之一。在现代化的养殖场里，鸡吃的都是人工饲料。和人一样，鸡的生长也需要碳水化合物和蛋白质，喂给“快大型”肉鸡吃的全价配合饲料里面，就主要包含这两种营养成分。“碳水化合物”主要是玉米和小麦，蛋白质则是用豆粕、棉粕、菜粕这些榨完油之后剩下来的原料制成的。此外，饲料中也包含氨基酸、维生素、微量元素等营养性添加剂。这种全价配合饲料分为前期、中期、后期三种，在鸡不同的生长阶段，需要喂不同的饲料。前10天采食提高体质的前期料，10～20日龄采食促进骨骼生长发育的中期料，20天以后采食育肥长肉的后期料。

当然，还得依靠现代化养鸡场的标准管理，鸡舍是一个全封闭的环境，温度、湿度、光照、通风等条件都可以控制，这为鸡的快速成长提供了稳定的环境。再加上定时的喂料、供水等程序，这些精细化到极致的科学饲养方式，确保了肉鸡快速并精确到天的成长速度。

虽然少部分人觉得农业问题堪忧，但我们相信会有好的进展，生态农业逐渐得到重视，未来的发展会不断壮大。

正式“选美”

2015 年 8 月 9～11 日　多云转晴　34 ℃ /22 ℃

距离上次为鸡群做体况评分正好过去了 1 个月，我们决定再次进行体况评分，整个过程就像选美一样，在严格有序地进行。

9 日下午，我们先为笼养舍加虫加草组（LQ）的鸡称重、拍照和录像。体况评分的过程仍旧和上个月一样，每组随机选出 12 只鸡，由三个人配合工作：一人负责抓鸡和保定；一人负责为鸡称重、拍照；一人负责记录鸡的体重数据并对鸡行走的姿势进行录像。

最近的天气比较热，笼养鸡的精神状态看着不是很好，部分鸡从笼子里出来后不会走路，一直趴在原位，即使靠人来驱赶也走不动，录像比较困难，有时候录了几分钟也没有看到它移动的迹象。

另外，笼养鸡出现了掉毛的现象。有一只鸡脖子上的毛都没了，另外一只显然“聪明绝顶”了，头上秃得连毛都不剩了，但最令人担忧的还是它裸露的皮肤出现了结痂。还有一只鸡，始终在用爪子挠自己的脖子，因为笼养鸡的指甲很长——这与没有在地面生活，脚爪没有与地面摩擦有关，挠的时候很容易就划伤皮肤造成出血情况。我们怀疑这可能与寄生虫有关，等这次体况评分实验结束后，再给它们用药治疗，并给鸡舍做一次全面的消毒。

10 日上午和下午，我们分别为散养舍无公鸡组（SW）和笼养舍加虫组（LC）做体况评分。和 9 日情况不同的是，在散养舍的工作进行得十分顺利。散养鸡刚放到地上，立刻就很活跃地

散养鸡长期与地面接触，爪子的指甲有磨损因而不会显得过长

走动，所以录像的过程非常快，只是拍照相对有点难度。散养鸡普遍精神状况比较好，而且羽毛较为整洁。笼养鸡因长期待在笼子里，活动空间有限，无法行走的境遇也是十分可怜。

11 日上午和下午，我们分别为散养舍有公鸡组（SY）和笼养舍普通组（LW）做体况评分。笼养普通组的情况大致与加虫加草组和加虫组一样，部分鸡无法行走。

做实验之余，我们抽时间查看了那些脱毛严重的鸡，果然在它们身上发现了小虫子。于是，我们在各组的饲料中均添加了伊福丁（可以驱除畜禽体内外寄生虫的药物）。

热　应　激

2015 年 8 月 12 日　多云转晴　35 ℃ /24 ℃

进入盛夏，天气格外炎热，鸡喝水的频率也越来越高，随之而来的就是粪便的水分含量也跟着提高了。散养鸡舍由于发酵床的缘故，没有什么问题；但笼养鸡舍随着粪便的堆积，我们傍晚进去捡蛋时，明显感觉到空气非常潮热，而且氨气的味道也很浓郁。

我们看到笼子里面的鸡，热得都得张开嘴呼吸，呼吸声比平时更重。笼养鸡或多或少都带有点呼吸道疾病，其中有一只鸡的呼吸声特别大，于是我们将其隔离出来。

针对这样炎热的天气，我们也应该采取点措施，毕竟油鸡们一身的羽毛丰美且厚实。散养舍的油鸡可以自行寻找阴凉处乘凉，但笼养舍的油鸡可就没有那么幸运了，没有外界的帮助很容易中暑。考虑到笼养区域通风本身不好，我们购买了风扇，希望能改善通风情况，同时，也购买了一些药物对它们呼吸道疾病进行治疗。

散养鸡跑到林子里的菊苣草丛中乘凉，而笼养鸡只能留守原地

亡羊补牢，为时未晚

2015 年 8 月 14 日　阴转晴　32 ℃ /22 ℃

经过持续两天的观察，我们发现笼养鸡整体的健康体状况呈现下滑的趋势。我们和农场的郝场长、工作人员张阿姨还有兽医小许商讨，觉得在笼养鸡的饲养方面仍有许多地方需要改进的地方，比如在定期为鸡舍消毒方面做得不够。虽然我们之前也消过好几次毒，但没有持续下去。

现在的粪便都比较湿，在清粪时显得尤为吃力。我们计划先将一部分粪便刮出，将稻糠铺在笼底下和未清理干净的残粪混合，再一起刮出。这样可以最大限度地减少粪便残留，使笼养舍的环境更干净。清粪完毕以后，我们对笼养舍进行了消毒。

给散养舍和笼养舍都打扫卫生并消毒以后，鸡舍的空气环境明显改善了

虽然累点，但这样清粪以后，再进入鸡舍，氨气的浓度明显降低了不少。

下蛋也要看心情?

2015年8月18日　雷阵雨转中雨　31℃/20℃

不得不说，天气对产蛋量有很大的影响。闲时查阅记录，我们发现天气干爽晴朗的时候，笼养鸡的采食量和产蛋量都会提升。

为了印证这个的想法，我们构思了一个实验方案：先对笼养鸡进行观察，确定它们产蛋的大致时间、记录产蛋量，再测量当时鸡舍的温度和湿度。不过这个实验要进行的时间可能会久一点，初步定为一个月。

我们仍记得笼养组油鸡下的第一颗蛋

“消失”的小鸡

2015 年 8 月 19 日　雷阵雨转阴　28 ℃ /20 ℃

这段时间我们忙于解决天气炎热给鸡舍带来的种种困扰，于是暂时委托农场的兽医小许帮我们照顾黄耳鸡的小鸡。今天小许告诉我们，每到翌日早晨，就会发现小鸡减少了，奇怪的是也没看见尸体。

之前的十几只小鸡，到现在只剩下 6 只了。我们讨论以后，决定将小鸡们送回“父母”身边，和黄耳鸡一起饲养。由于鸡有夜盲症，我们晚上悄悄把小鸡放到了黄耳鸡的鸡舍中。

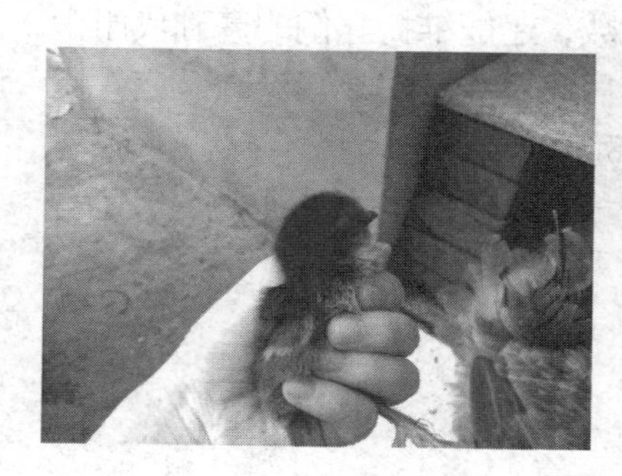

“倦鸟归巢”，小鸡们也要回到父母身边了

变 废 为 宝

2015 年 8 月 22 日　阵雨　30 ℃ /20 ℃

最近这几次喂料时，我们发现饲料比之前更呈现粉末状，好奇之余我们询问了料仓的工作人员，得到的回复是，这种粉末状成分是虫粪沙，即黄粉虫的粪便。

农场的饲料有时会用虫沙来代替麸皮。虫沙可用作饲料或饲料添加剂，黄粉虫粪沙的营养价值在于其营养成分丰富及生物活性物质较全面。在动物日粮中加入 10%～20%的虫粪沙，动物的长势和健康状况都会提高，如作为畜禽饲料添加剂，可明显提高动物的消化速率及降低饲料指数，还能维持它们的基础代谢相对稳定，使毛色光亮、润滑，病后体质恢复快，营养缺乏症大幅度下降，从而提高生长速度和繁殖率。

这样看来，本来被认为是“一无是处”的虫粪沙，竟然还是宝贝，真是令我们刮目相看了!

换羽：一次“脱胎换骨”

2015 年 8 月 25 日　多云　30 ℃ /21 ℃

先前做体况评分时，我们发现笼养鸡或多或少地存在寄生虫，于是立刻使用了防治的药物，也收到了显著的效果。体外寄生虫的情况较少出现在散养鸡上，这是得益于户外的沙浴条件有助于抖落体外寄生虫。被我们发现头上羽毛脱落的那只鸡显得十分精神，全无病态，然而羽毛还是在持续性脱落。此外，我们又观察到 3 只笼养鸡头顶也开始“秃”了，脱落程度不一，不过它们的精神状态倒是不错。正当我们疑惑时，看到它们头顶上的羽毛又渐渐恢复了。我们在清扫鸡粪时，发现笼子底下有很多羽毛，才明白大概是到了它们的换羽期吧。

笼养舍内，不仅鸡笼里出现了大量的羽毛，有时候在料槽也能看到

突 然 死 亡

2015 年 9 月 2 日　多云转晴　29 ℃ /18 ℃

今天下午给笼养鸡舍喂料时，我们经历了加虫加草组（LQ）一只鸡的“突然死亡”。我们通常会一边喂料，一边查看鸡群的状况，喂料时几乎整个鸡群都处于很兴奋的状态——毕竟食物来了，怎么能不欢呼雀跃？然而喂完料我们再巡视时，就看到这只鸡倒在了笼子里。伸手一摸，体温还是热的，不过它双目紧闭一动不动，的的确确是死了。

先观察它的外表，它的羽毛整洁且富有光泽，不像是长期处于病态。退一步说，我们每天都观察它们，一旦发现表现不正常，肯定能及时隔离出来给予治疗。再看肛门周围的羽毛，也很干净，并没有拉稀的症状。所以还是需要解剖后查看它的内脏等是否有病变。

通过解剖，我们发现这只鸡的小肠壁增厚且大量出血，另外，在它的喉管里也发现大量血块。虽然尚不明死因，不过我们还是先将情况记录在案。

我们养鸡至今，始终还是会为鸡的各种病症困扰。因为鸡说不了人类的话语，我们当然无法询问它们今天感觉怎么样，只能依靠观察它们的精神状态、羽毛光泽度、粪便情况、行为活动等，来判断它们是否过得舒适。

这些经验在散养舍得到了很好的实践，不过对于笼养舍，就不是那么适用。在笼养舍，会出现各种令人啼笑皆非的情况。例如，我们看到一只鸡精神状况十分糟糕又观察到它在拉稀，就会担忧它是不是随时会“驾鹤西去”，然而它依然坚挺地活着，最后还奇迹般地有所好转；而另一些鸡平时表现得很活跃，能吃能喝、能蹦能跳，结果在我们面前突然死亡，这些都让我们措手不及、瞠目结舌。

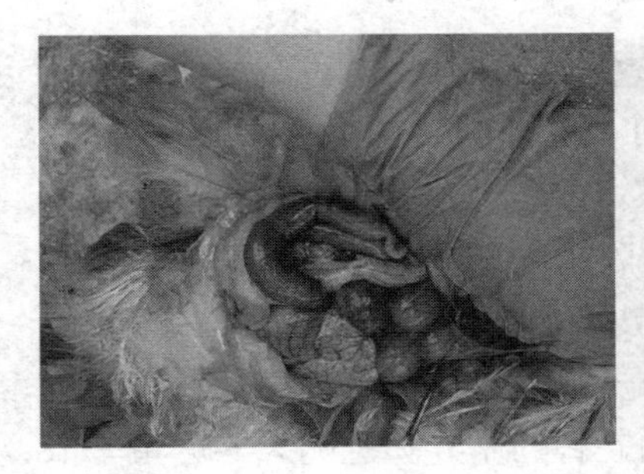

解剖是一种探究鸡死亡原因的有效方法

“软壳蛋”与“泥水鸡”

2015年9月3～4日　晴　31℃/21℃

这几天正好是抗战胜利70周年大阅兵的日子，天气晴朗，人和鸡的心情都跟着愉悦起来了。

我们之前曾猜想过天气与产蛋量间有关联，但根据最近半个月记录的数据来看，并没有特别显著的差异。这两天的产蛋率很高，尤其是今天的笼养舍普通组（LW），产蛋66枚，产蛋率为75%；加虫组（LC）和加虫加草组（LQ）的产蛋率则分别为59%和58%。

值得一提的是，虽然产蛋量高了，但是蛋的质量却有所下降。在捡蛋时，我们经常会捡到薄壳蛋或者软壳蛋。薄壳蛋的形状多为不规则，放在手上稍微一用力，可能就碎了。庆幸的是，软壳蛋数量并不多，在笼养舍一天最多能看到3～4枚，少的时候则没有；而散养舍则从未出现过。

那么，为什么会出现软壳蛋呢?

我们查阅了资料，发现鸡产出薄壳蛋、软壳蛋主要有以下几个方面的原因。

日粮中钙磷含量不足。产蛋鸡需要大量的钙来形成蛋壳，如果缺钙则会产出薄壳或者软壳蛋。一只鸡每天采食饲料130克左右，但饲料中钙的利用率仅为60%，因此单靠饲料中的钙是不够的，需要在配合饲料中添加3%～4%贝壳粉或优质石灰、石碎粒等饲喂以达到补充钙和磷的目的。因为鸡蛋的蛋黄需要磷，产蛋鸡日粮中磷的需要量为0.6%，其中有效磷应含0.5%。

缺乏维生素D。维生素D能促进钙和磷的吸收利用，调节

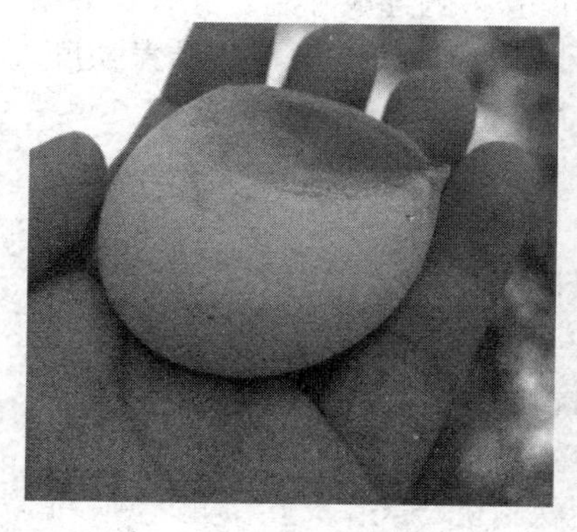

畸形的软壳蛋，甚至连完整的蛋形都没有形成

血液中的钙磷平衡，有利于骨骼和蛋壳的形成。缺乏维生素D时，即使日粮中钙充足，也会使钙、磷的吸收和代谢作用发生障碍，导致蛋小、壳薄、软壳，产蛋量下降，孵化率降低等。因此，舍饲的鸡群每天要在日光下照晒2小时以上，并添加适量鱼肝油以补充维生素D。这大概也是笼养鸡比散养鸡易产软壳蛋的原因。因为有户外活动的散养鸡总是能较易晒到日光以及啄食泥土等食物。

缺水。水是营养物质的溶剂，起着帮助消化、吸收、输送营养物质和代谢产物，排出废物及调节体温等作用。鸡体内所含的水分占64%～75%，而鸡蛋内所含的水分占70%左右。所以产蛋母鸡如果24小时内喝不到水，可能会导致1个月不产蛋或群体的总产蛋量下降30%左右，同时薄壳蛋、软壳蛋的出现概率也会明显增加。

温度过高或过低。鸡产蛋最适宜的环境温度是13～25℃，当气温超过30℃时，鸡体散热困难，食欲下降，采食量少。长期高温会破坏鸡体的营养平衡，引起代谢改变，使鸡的甲状腺性能减弱，导致钙量不足，降低蛋壳在子宫部的形成能力。同时，由于天气炎热，鸡张口呼吸喘气，体内碳酸增加，从而也阻碍了钙的吸收利用。因此，夏季应当加强舍内通风降温。此外，如果在饲料中添加0.5%～1.5%的小苏打，则可以提高蛋壳强度，从而减少产薄、软壳蛋的概率。反之，当气温低于5℃时，鸡采食量减少，蛋壳也会变薄，此时则应采取人工取暖等措施改善温度条件。

黄曲霉素中毒。饲料常因保管不善而发生霉变，如果使用了霉变的饲料，可能导致鸡的肝脏、肾脏等被黄曲霉素侵害，从而破坏了维生素D在鸡体内的代谢，进而令鸡的体重减轻，抗病力差，产蛋量减少，蛋壳变薄变软。

甲状腺机能失调。鸡体内甲状腺机能失调，会严重影响钙的吸收利用，从而产生薄壳软壳蛋，喂3～5天甲状腺素片能很快地使蛋壳变硬。

换羽影响。母鸡在换羽期间，生理情况也会发生很大变化，从而导致蛋壳变薄、破蛋率增加。因此，在换羽期要用整粒大麦供鸡自由采食3～5天，可加速换羽，很快恢复产蛋并提高蛋壳质量。

其他不利因素。鸡传染性气管炎、鸡瘟、鸡白痢、肠炎以及破坏生殖系统的其他疾病，也会使鸡产薄壳软壳蛋，如果感染球虫病则更甚。为了预防鸡病，可在饲料中加入适量磺胺类药物，并按免疫程序及时接种鸡瘟疫苗、禽霍乱菌苗等，定期服用驱虫药。鸡群密度过大、环境卫生差和受惊吓等因素，也容易导致产薄、软壳蛋产生。因此，鸡群在产蛋期间，应尽量避免各种不良应激因素发生，以保证产蛋质量和经济效益的提高（黄炳堂，1993）。

综合以上的因素，我们认为，可能是笼养舍采光不足导致维生素D合成不足，当然也不排除是曾经的一些疾病让某些鸡产了软壳蛋。我们决定先将晚上开灯补光的时间延长，再继续观察能否改善这种情况。

时隔半年，农场这两天又到了换发酵床稻糠的时间。我们9

月 3 日上午去给散养舍喂料时，就看到散养舍运动场外面已经被铺上厚厚的一层土以及一些稻糠。不过我们不理解的是为什么需要在运动场上也铺一层土和稻糠，看起来就像一座小山。前段时间进入雨季，铺了土层和稻糠的运动场混着雨水显得更泥泞了，不管是对油鸡的行走还是对我们的工作开展，都增添了许多麻烦。

部分油鸡由于踩在泥水（或许称为“泥浆”更恰当些）里，爪子和羽毛上也沾了不少泥，等干涸时，就凝结成了土块。更糟糕的是，凝结的土块伴随鸡继续行走在泥泞的运动场上，仿佛滚雪球般越积越大。我们就曾观察到好几只油鸡因为这些土块，走路姿势变成了一瘸一拐，令人哭笑不得，最后我们用工具帮它们把土块清除掉了。

实验进行时——“运筹帷幄”

2015年10月1日　晴　22℃/10℃

俗话说“养兵千日，用兵一时”，按照实验计划，我们的团队从上午10点开始，分别在散养舍和笼养舍安装了录像设备。

两个散养舍各安装了4个摄像头，确保能将室内外的全体鸡群行为尽收眼底。笼养舍就比较容易录像，使用DV即可，在笼养舍支起三脚架，调整录像角度，摆好“架势”，接上电源线，就可以了。

将8个摄像头安装好之后，下一步是安置主机。放在鸡舍外的地面上显然不是一个好方法，因为最近农场新养的几只羊总会“闲逛”，喜欢啃食各种能看到的草木，如果不小心把我们的网线、电线都破坏了，就会影响到工作。放在鸡舍内也有点不方便，鸡群活跃起来，也很容易把机器扑倒在地，要是设备沾到粪便，清理起来也是麻烦……考虑再三，最后我们把主机放在了无公鸡舍的屋顶上，完美解决了鸡和羊可能会带来干扰的难题！不过我们查看录像时就得顺着梯子爬上爬下了。

美中不足的是，显示器还没有从实验室送来，光有主机还不能录视频，需要配合显示屏调整画面角度才行。

查询了未来几天的天气预报，下雨的概率很高。很不幸的是，录像设备都不防水，所以我们为露天的主机搭建了临时的“小帐篷”替它遮风挡雨；又为那8个各自分散的、孤零零的摄像头，“戴”上了浴帽，没错，就是我们日常用的浴帽，不大不小，正好盖住摄像头，露出它的“眼睛”，夜深露重，为机器防潮正合适。

活泼的羊也可能是不能顺利录像的“隐患”

不过我们仍希望这几天的天气能保持晴朗，这样实验才能顺利进行。

实验“小插曲”——断电

2015 年 10 月 2～3 日　晴　26 ℃ /12 ℃

昨天的铺垫工作可谓是功不可没。10 月 2 日上午，显示器刚送来，我们就能立刻为主机安装，散养鸡的行为观察实验也正式开展。在笼养舍方面，我们使用 DV 对各组的最上层 3 个笼子（每笼 2 只，每组共 6 只）的油鸡行为进行录像。

中途当然也避免不了有些“小插曲”。在笼养舍，DV 的内存有限，录满后需要及时使用另一架 DV 替换，而录像时间涵盖一天 24 小时，总共持续 3 天，这就需要我们设定闹铃提醒，以便及时更换。而散养舍的录像设备也需要 24 小时不间断供电，奈何农场的电箱开关有时间设置，晚上到点会自动断电，这就会影响我们的工作。所以我们就提前和农场的工作人员打了招呼，让他们这段时间暂时别断电。

录像设备需要供电，鸡舍的电路属于串联电路，所以用电时电灯也跟着通宵达旦地亮

第二天上午突然出了个小意外，农场因为不明原因突然跳闸，导致散养舍录制中断。幸亏农场有临时应急发电机，这才恢复了电力。

实验小插曲二——“蛛丝马迹”

2015 年 10 月 4 日　晴　25 ℃ /13 ℃

为了减少笼养舍 DV 的替换次数，我们为 DV 添加了内存卡，的确提升了拍摄效率。除了日常喂料，我们时不时也会到散养舍巡视，查看录像设备的运行是否正常。

另外，我们还多了一项工作——每天晚上都要到各个鸡舍清扫蜘蛛网。以前没怎么留意，直到安装上录像设备，透过画面我们才知道，总有蜘蛛喜欢在镜头前“展示”自己的绝佳“纺织”技巧，层层叠叠的蛛丝盖住了视野，令人哭笑不得。

每天晚上我们都会到各个鸡舍清扫蜘蛛网，以免影响录像

“辞旧迎新”vs“喜新厌旧”

2015 年 10 月 5 日　晴　26℃ /15℃

今天上午，直到行为录像结束，笼养鸡和散养鸡的行为观察实验才告一段落。下午，我们需要开始下一个实验（即饲养模式转换实验），将不需要的油鸡淘汰隔离并交由农场处理，此次共计淘汰了 118 只笼养油鸡，其中有 2 只油鸡因为应激而死亡。我们又分别从两个散养舍（SW、SY）各取出 30 只母鸡，两两一组放进因为淘汰而空出的笼养舍鸡笼中，形成新组——散养无公鸡转笼养组（LSW）和散养有公鸡转笼养组（LSY）；同时，还从笼养舍的加虫加草组（LQ）随机选出 30 只，喷上动物专用的红色喷漆并戴上脚标，暂时投放进散养有公鸡鸡舍，也形成了新组——笼养转散养有公鸡组（SYLQ）。此时，各组油鸡剩余只数如表 5。

表 5　各组的油鸡数量（只）

组别	LQ	LC	LW	SW	SY	LSW	LSY	SYLQ
数量	45	21	23	44	69	30	30	30

刚将笼养母鸡投放进散养有公鸡舍时，我们很快就观察到了有趣的现象：大部分笼养鸡能在室内的发酵床上行走，极少数趴着一动不动，而这些不愿意走动的笼养母鸡，则成了有公鸡鸡舍的公鸡们“追捧”的对象。公鸡们显然对这些新来的陌生面孔更感兴趣，不停地试探新来的母鸡们，有时候利用笼养母鸡不便于行走的“弱点”强行与其交配。我们观察到其中一只笼养母鸡，

已经和3只不同的公鸡交配达十余次。直到晚上我们去查看时，仍能看到公鸡们处于兴奋状态。有一只跛足的笼养母鸡，可能因为行走不便加上被迫交配，显得精神状态不佳，现在还未能走到室外运动场的料槽采食。反观原散养有公鸡舍的母鸡们，公鸡与它们交配的次数寥寥无几。这种“喜新厌旧”的行为，又称“柯立芝效应”（Coolidge effect）。关于柯立芝效应还有一段小故事。据说美国总统卡尔文·柯立芝（Calvin Coolidge）和妻子在参观一家家禽农场时，卡尔文太太询问农场主，怎样用少数的公鸡产出高受精率的种蛋，农场主自豪地说，他的公鸡每天要执行职责几十次。“请告诉柯立芝先生。”第一夫人强调道。总统听到后，问农场主“每次公鸡都是为同一只母鸡服务吗?”“不，”农场主回答道，“有许多只不同的母鸡。”“请转告柯立芝太太。”总统回答道。

一只母鸡产蛋量高时，可达到每天下一个蛋的水平，而一只公鸡在短短一天内交配次数则多达几十次。如果让该公鸡每次均与同一只母鸡交配，从公鸡的遗传利益而言，无疑是浪费了它的“资源”。另外，在交配行为中，公鸡付出的成本是远远小于母鸡的，公鸡射一次精所消耗的蛋白质比不上母鸡体内产生鸡蛋所消耗的蛋白质多。不妨做一个假设，倘若公鸡射一次精消耗的蛋白质和一只鸡蛋的蛋白质等量，每天仍维持几十次的交配次数，恐怕这只公鸡早就“精尽鸡亡”了。毕竟从体积而言，一只鸡蛋的大小也是鸡精子大小的几十万倍。然而在一只新生小鸡身上，来自父母双方的基因则是旗鼓相当。因此，一只公鸡为了确保自己的遗传因子得到传播，一天之内的交配次数也是“竭尽所能”。

百感交集之余，我们还是要继续做实验的。到了晚上9点，我们开展了新一轮的行为观察实验——对交换了饲养模式的油鸡进行录像。

又见“选美”

2015 年 10 月 6～7 日　霾转雾　25 ℃ /13 ℃

又到了我们熟悉的体况评分环节。

10 月 6 日，我们先为 3 个转换组（散养有公鸡转笼养组、散养无公鸡转笼养组和笼养转散养有公鸡组）及 1 个笼养组（加虫加草组）进行体况评分，具体操作流程与之前一致，进行称重、拍照、录像和评分。

笼养转散养有公鸡组（SYLQ）因为之前的长期笼养，导致它们仍有一部分无法行走，需要借助外力（如人在旁边推赶）才能勉强走上几步，这也在我们的预料之内；而加虫加草组（LQ）情况也与前者类似，正常行走的个体数并不多；另外两组（LSW、LSY）转换饲养模式之前一直自由自在，突然被关到笼中经历了一晚，此刻放出来做体况评分时，就无法安静地配合了，我们好几次都抓不住，导致今天的评分时间延长了不少。

晚上，我们照例去笼养舍和散养舍巡视一遍，并将笼养舍的 DV 更换后带回办公室拷贝、整理。散养舍的录像设备运行正常，我们顺便打扫了蛛网。

第二天，我们对剩下的散养有公鸡组（SY）和散养无公鸡组（SW）进行体况评分，晚上回收白天笼养舍的行为录像。

“新奇事物”实验

2015年10月8日　晴　19℃/7℃

凌晨4点，我们去了一趟笼养舍更换DV，看到了满天的星辉。这个时间段，笼养舍的鸡群都还在休息，一片静悄悄。

按照原定的实验计划，我们将于10月9日上午进行部分实验鸡屠宰实验，所以今天要抓紧时间完成屠宰前最后一项实验——“新奇事物”实验。

我们主要针对不同饲养模式（SY与LQ）、同一饲养模式下有无公鸡（SY与SW）两个角度，测试鸡群对新奇环境和新奇事物的反应。而实验需要的“新环境”为农场的一间闲置房间，我们已在上午将其清扫干净。下午，我们从散养无公鸡组（SW）和笼养加虫加草组（LQ）各取出10只母鸡，再从散养有公鸡组（SY）取出10母鸡外加1只公鸡进行实验。

我们将实验鸡群放置在安静的陌生环境，连续10分钟观察并记录它们的反应；然后，从鸡群看不见的角度投掷一个足球（亮黄色），连续10分钟观察并记录它们的反应；再让一个“陌生人”（非饲养员）在房间内来回走动，并不时地让足球缓慢向鸡群靠近，连续10分钟观察并记录它们的反应。整个过程除了人为的观察和记录，同时用DV辅助录像。

下午6点，我们对明天需要进行屠宰实验的鸡群禁食，把饲料撤下但保证水的充足供应。我们还去了一趟散养舍，对笼养转散养有公鸡组（SYLQ）的30只油鸡个体补喷了红色的动物喷漆以加深标记。

养鸡百日，用鸡一时

2015 年 10 月 9 日　晴　20 ℃ /8 ℃

今天是个重要的日子——翘首以盼，终于等到屠宰的时刻。

按照事先做好的计划，我们团队要与中国农业科学院刘华贵老师的团队共同完成工作。上午，先由我们团队从散养组有公鸡组（SY）和散养无公鸡组（SW）各随机选择 10 只鸡，按照编号屠宰采血，把采到的血样送到办公室使用血球仪分析；再从屠宰后的鸡胸肌、腿肌（右）、脑、脾脏、肠道内容物（盲肠、回肠）分别取样保存；最后，由农科院团队接手工作。

别看取样的数量少，实际操作起来，也是让我们忙得焦头烂额，连上洗手间的空暇都挤不出来。以往运动场上都会播放音乐替运动员们加油打气，那我们做实验怎么能不放点“战斗音乐”呢？于是大家很有默契地放起了快节奏的歌曲，实验也有条不紊地进行着，疲惫感也在一片欢声笑语中消散了。

下午的屠宰实验也开展得如火如荼，热火朝天。因为这回要屠宰的是笼养舍的 3 个组（LQ、LC、LW），仍旧是每组 10 只鸡，我们纷纷“撸起袖子加油干”，流程上经过上午的磨合，已经配合得很有默契，总算赶在晚饭前完成了任务。

实验结束后，我们打扫着白天留下的“狼藉”——鸡毛、鸡血还有鸡的尸体。突然有点感伤，在这些为实验“献身”的实验动物中，散养鸡至少生前还享受过福利待遇，自由自在，免受饥渴；而可怜的笼养鸡则一辈子都被关在牢笼里，无法奔跑，没有栖架，甚至连普通的沙浴行为都进行不了。

清扫完“战场”，我们还要到各鸡舍回收数据线和录像设备，部分实验仪器也会运回我们的实验室。但工作还没有结束，之前抓到散养有公鸡鸡舍的 30 只笼养母鸡，我们现在要将它们全部转移到一个新的鸡舍，再投入 3 只同日龄的公鸡，形成与散养有公鸡鸡舍一样的组合，即 30 只母鸡与 3 只公鸡共同生活的群体(SYLQ)。

在经历了淘汰和屠宰环节之后，我们现有的小组如表 6：

表 6　淘汰和屠宰后各组的油鸡数量（只）

组别	LQ	SW	SY	LSW	LSY	SYLQ
数量	30	30	33	30	30	33

确立了分组以后，饲养模式对比实验画上了句号，新的饲养模式转换实验篇章也将开启。为期 1 个月的实验仍将继续，不论结果如何，都令人拭目以待。

行 为 分 析

2015 年 10 月 12 日　晴　24 ℃ /6 ℃

这段日子的忙碌暂时告一段落，我们已经有了关于笼养鸡和散养鸡的行为视频，可以做初步的饲养模式行为分析。

动物的行为包括日常行为和异常行为。动物的日常行为是判断福利条件的有效指标之一，人们可以通过动物的行为了解动物的喜怒哀乐。自然条件下，鸡对空间的需求得到满足时，可以表达站立、趴卧、转身、伸展及修饰自身等行为，而笼养鸡的站立、采食、饮水行为的频率则会低于栖架散养鸡（王永芬等，2017）。觅食行为和运动行为是鸡必需的行为，在有垫料或其他松散材料的情况下，鸡的觅食行为占总行为频率的 7.25%（Appleby 等，1989）。Mench 等（2001）的研究指出，野生或放养模式下的鸡十分活跃，一天之内可以行走数千米。与笼养鸡相比，散养鸡日常的觅食、沙浴及运动行为的次数则显著增加（姜旭明，2009），笼养鸡的行走、舒展行为则显著低于散养鸡。沙浴行为也是禽类生活当中不可或缺的一部分，沙浴的功能主要是去除羽毛上的多余油脂及体表寄生虫（刘双喜，1986），鸡的羽毛状况也直接影响到鸡的福利水平（Liere 等，1987）。

如果给予适宜的环境条件，如用沙砾作为垫料，鸡会表现出比在木屑垫料中更多的觅食和沙浴行为（Arnould 等，2004）。笼养条件下，鸡进行趴卧行为的时间比例高达 77.08%（赵芙蓉等，2007）。

根据之前的行为观察预实验，我们将行为划分为 11 种，包含日常行为和异常行为。这 11 种行为分别是行走、觅食、沙浴、交配、饮水、采食、修饰、争斗、啄羽、刻板和其他不在我们研究范围内的行为（表7）。

表7　行为分类及其定义

行为分类	行为定义
行走	以正常的速度或快速的步伐进行非争斗性的移动
觅食	啄地或用爪子刨地，寻找食物
沙浴	趴卧时胸部着地，同时颤动翅膀或刨地，清洁身体表面的羽毛
交配	公鸡啄母鸡头部和颈部的羽毛以此固定，然后踩到母鸡的背上，将泄殖腔贴近母鸡泄殖腔射精
饮水	从水槽或乳头饮水器中饮水
采食	从料槽中采食饲料
修饰	用喙部或爪子轻轻摩擦、翻弄、梳理自己的羽毛或伸展翅膀和腿
争斗	双方用喙部啄或用爪子攻击，进行打斗
啄羽	用喙啄同伴的羽毛，但被攻击的个体选择逃避或忍受
刻板	具有高度重复性且没有明显目的意义的行为，在笼养鸡身上通常表现为重复啄笼子
其他	没有记录到或者不在上述定义范围内的行为

按照行为的定义对油鸡行为划分以后，观察并记录各组油鸡的各项行为发生的次数及占总行为次数的百分比。观察行为的时间从每天上午7点开始至下午7点结束，即连续观察12小时，每天观察72次，每次间隔10分钟。观察行为时，采用瞬时扫描取样的方式进行观察记录，每隔10分钟对各组鸡群进行一次扫描取样，扫描取样时间不超过20秒。

通过以上方法得到行为数据以后，根据不同的目的采用不同的检验方法。我们期望分析笼养模式和散养模式下油鸡的行为表达，以及散养模式下有无公鸡的存在对散养鸡群福利的影响，因而我们对笼养组（加虫加草组）、散养无公鸡组和散养有公鸡组进行比较分析。

在比较分析行为数据之前，先采用软件 SAS 9.2 中的 Univariate 过程做正态性检验，对不符合正态分布的数据采用 Kruskal Walis 检验和 Mann Whitney 检验，并两两比较。结果均以平均数 ± 标准差的形式表示。$P<0.05$ 视为统计学上显著性差异。

尽管凭肉眼观察，散养鸡的行为种类丰富度也比笼养鸡强，但我们希望用科学数据来说明

八仙过海，各显神通

2015 年 10 月 17 日　霾转多云　22 ℃ /13 ℃

通过这些天看视频的记录，我们得到了初步的行为观察的结果，并作了对比分析（表 8）。

表 8　不同饲养模式下鸡行为的差异

项　目	笼养组	散养无公鸡组	散养有公鸡组
行走（%）	—[b]	4.94±1.54[a]	5.65±1.75[a]
觅食（%）	—[b]	11.35±4.39[a]	8.24±3.17[a]
沙浴（%）	—[b]	2.37±2.34[a]	1.29±1.88[a]
交配（%）	—	—	0.01±0.03
饮水（%）	6.87±3.17[a]	2.26±1.03[b]	1.86±0.98[b]
采食（%）	36.23±10.62[a]	14.71±5.90[b]	13.13±4.75[b]
修饰（%）	9.54±3.42[b]	15.65±3.30[a]	15.15±2.84[a]
争斗（%）	0.00±0.00	0.02±0.05	0.00±0.00
啄羽（%）	0.75±0.46[a]	0.15±0.14[b]	0.10±0.05[b]
刻板（%）	7.41±10.87[a]	0.00±0.00[b]	0.00±0.00[b]
其他（%）	46.62±10.31	48.56±13.01	54.57±11.37

注：1. 差异显著（P＜0.05）则以肩标不同字母表示。

2. 表格中数据以平均值±标准差表示。

3. 表格中数据为各行为次数占总行为次数的百分比。

统计分析过后，我们发现油鸡们的行为举止确实大有不同。数据显示，笼养组完全不能表达行走、觅食、沙浴、交配等行为；笼养组的饮水、采食、啄羽、刻板等行为的频率显著性高于两组散养组（P＜0.05），而其修饰行为的频率则显著性低于两组散养组（P<0.05）。争斗行为在不同的饲养模式下，组间差异均不显著（P>0.05）。有无公鸡的散养组间各种行为的表达均无显著差异，但散养有公鸡组表达了交配行为。

行为需求是动物为了生存或适应环境所必须采取的方式，如行走、觅食和沙浴行为。行走行为是鸡最基本的活动需求，觅食行为是鸡搜寻、捕获及处理食物的动态过程（蒋志刚，2004），沙浴行为则是鸡清洁羽毛附着的油脂及寄生虫的生理习性（刘双喜，1986）。有研究表明，笼养模式会剥夺鸡的天性行为（Okpokho 和 Craig，1987）。我们的实验结果也验证了这个观点，在笼养模式下，鸡的行为及活动空间均受到限制，无法表达行走、觅食和沙浴等天性行为；而散养模式下，两组散养组均能够表达这些天性行为且组间无显著性差异。

笼养模式无法满足鸡对天性行为的需求，表明其降低了鸡的福利水平，而散养模式则能较好地满足鸡的天性。本实验的结果显示，笼养组的采食行为和饮水行为发生的次数均显著高于两组散养组，这是由于笼养模式剥夺了其部分天性行为（如行走、觅食和沙浴等行为），从而导致鸡采食、饮水和其他行为发生的次数增加。

在动物福利的研究中，最核心的问题就是动物能否表达大部分或者全部的天性行为。研究也表明，动物需要表达天性行为以保证其良好的福利（Hughes 和 Duncan，1988）。鸡的修饰行为是其保养行为中最典型的一种，通过整理羽毛达到清洁体表的作用，当其处于不健康的状态时，最先表现为停止修饰行为，所以可以用修饰行为来评估鸡的福利状况（蒋志刚，2012）。我们的实验结果显示，不同饲养模式下，笼养组的修饰行为的次数占总行为次数的0.75%，显著低于两组散养组，而两组散养组之间则无显著性差异，这表明笼养模式下，鸡的福利水平更低，也不利于修饰行为的表达。

通常动物个体间会因为争夺生存空间、食物、配偶等资源而形成争斗行为，鸡群也会通过争斗形成稳定的啄序。适当的争斗行为，有利于鸡群建立起良好的秩序，促进鸡群的管理和生产

(Schjelderup - Ebbe，1922；Rushen，1985；D' Eath 和 Keeling，2003)。在我们的实验中，仅在散养无公鸡组观察到争斗行为，且各组间的争斗行为两两之间均无显著性差异，结合实验鸡的情况，显然在 78～278 日龄这段时间内各组已经建立起相对稳定的啄序，因此，在观察期间鸡的争斗行为较少甚至没有，都是可能的。评估不同饲养模式的动物福利水平，还需要通过异常行为等指标来辅助（Sambraus，1981；Dawkins，2003；Ladewig，2005)。行为限制或剥夺不仅令动物遭受痛苦（Hughes 和 Duncan，1988)，还导致啄羽行为和刻板行为的产生。研究表明，家禽在配备垫料的散养模式下，啄羽行为的发生则明显降低（Huber - Eicher 和 Wechler，1997)，进行觅食行为的时间更多（Gibson 等，1988)。本实验的结果显示，笼养组的啄羽行为的次数占总行为次数的 0.75%，显著高于两组散养组，这是由于笼养环境缺乏垫料与沙土，笼养组会以啄羽行为来替代缺失的觅食行为和沙浴行为，这与 Huber - Eicher 和 Wechler（1997）的研究结果一致。另一种异常行为是刻板行为，它是动物呈现出异常的、具有高度重复性的、无任何功能作用的行为，也是饲养环境压力和挫败的典型信号(Mason，1991)。枯燥单一的生活环境和行为剥夺是动物刻板行为产生的主要原因，圈养条件下，如果动物长期承受应激，并且行为需求得不到满足时，则容易导致其福利水平下降（Jensen，2002)。本实验笼养组刻板行为的产生，可能也基于同样的原因，通过行为观察，笼养组的刻板行为主要表现为重复啄笼子的铁丝，其刻板行为的次数显著高于散养组，占总行为次数的比例高达 7.41%。

通过观察，我们发现散养有公鸡组表现出了交配行为，这表明散养有公鸡的饲养模式更能满足鸡对行为表达的需求。有研究指出，地面平养的自别系肉鸡，公母分群饲养时，其成活率、饲料转化率以及带来的经济效益比混群饲养时更高（杜炳旺，1990)，而本实验结果显示，仅在行为上，公鸡的存在对散养鸡的福利水平影响甚微。

花落谁家——“选美”大赛结果揭晓

2015 年 10 月 20 日　小雨　14 ℃ /10 ℃

经过这些天的努力，我们将各组油鸡的体况评分结果整理并做了比较分析，得出了对比结果。

首先看散养与笼养模式下油鸡体况评分的对比结果。

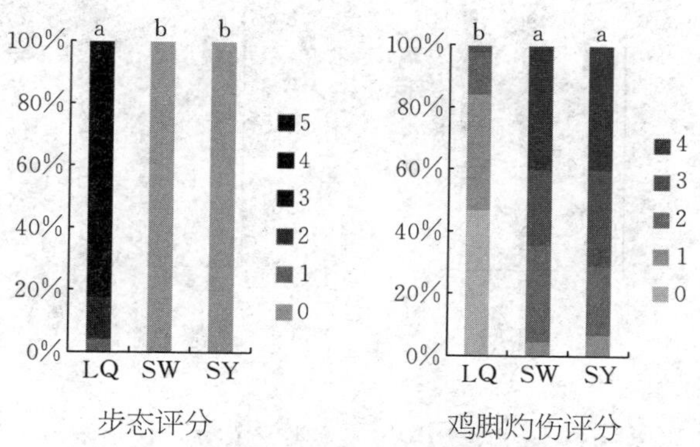

注：图中 a、b、c 的差异表示统计学上组间的差异（$P<0.05$）.

通常体况评分的得分越低，意味着状态越佳。步态评分为 0、1、2、3、4、5，分别代表正常行走、异常行走、明显跛行、能在强刺激下行走、不能行走、站立不稳。鸡脚灼伤评分为 0、1、2、3、4，代表无损伤，轻度损伤在 5％的垫上，少数损伤在 5％～25％的垫块上，中度损伤为 25％～50％的垫块，严重损伤为 50％个垫。羽毛得分为 0、1、2、3、4，分别代表无羽毛损失、羽毛轻微脱落、光秃秃、裸片大小＜3 cm×3 cm、裸片大小＞3 cm×3 cm。

根据步态评分结果，我们能够直观地看出散养组（SW、SY）的步态评分显著性优于笼养组（LQ），这是因为长期的“牢狱之灾”令笼养油鸡处于蹲、坐的状态，且不能自由行走和奔跑，腿部的健康自然而然就出了问题。

然而，恰恰又因为散养油鸡能够无忧无虑、自由自在地行走、奔跑，鸡爪与地面的沙砾、石子摩擦，而造成了它们的鸡脚灼伤程度比笼养油鸡更严重，说明事情都有它的两面性。

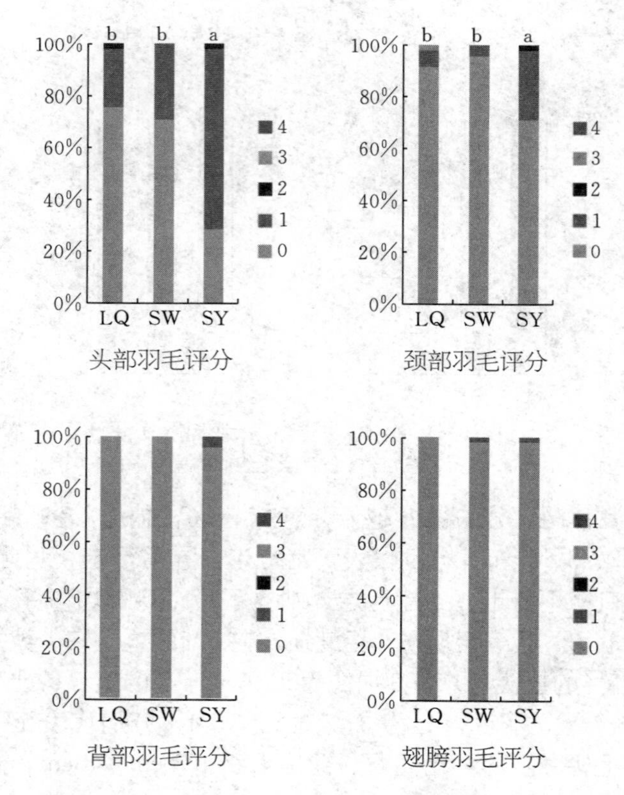

注：图中 a、b、c 的差异表示统计学上组间有差异（$P<0.05$）.

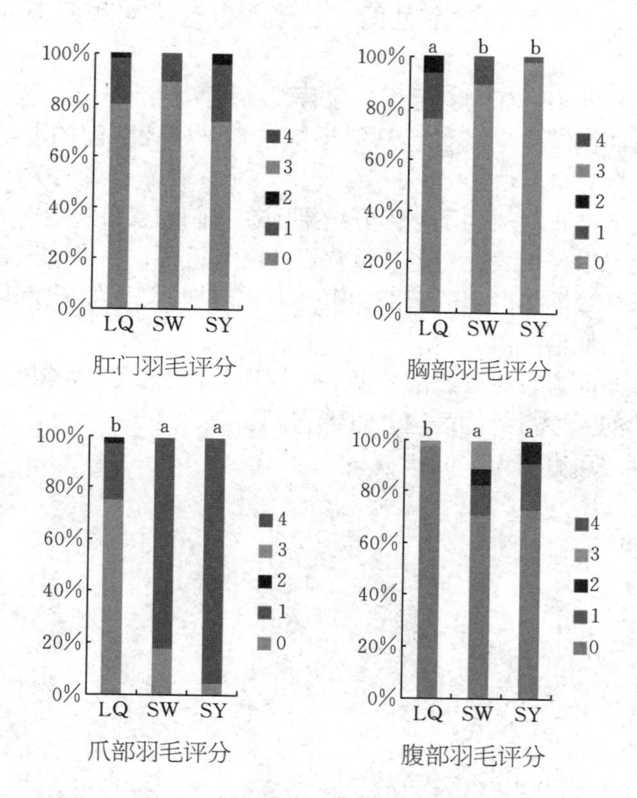

注：图中 a、b、c 的差异表示统计学上组间有差异（$P<0.05$）.

羽毛评分的部位共有 8 项，分别是头、颈、背、翅、肛、胸、爪、腹。通过评分结果，我们能看出所有组只有头部、颈部、胸部、爪部以及腹部的羽毛评分存在显著性差异。

先看头部和颈部的羽毛评分结果，散养有公鸡组（SY）的头、颈 2 个部位的羽毛评分不如其余两组，结合行为分析，我们认为这与散养有公鸡组的公鸡有关。在散养油鸡表现出的诸多行为当中，只有散养有公鸡组可以表达交配行为，而交配过程中，通常公鸡会追逐母鸡，并使用喙和爪子固定母鸡的头、颈以及背部从而完成交配，这个过程可能导致母鸡头部和颈部的羽毛脱落。

笼养油鸡胸部的羽毛评分显著性高于两组散养组，这可能是由于长期在笼中向外伸头从料槽中采食，导致胸部的羽毛不断磨损。

而爪部和腹部的羽毛评分结果则在我们的意料之中，结合散养油鸡可以自由表达行走、觅食、沙浴等行为，不难知道，这些行为都导致散养油鸡的爪部和腹部羽毛与地面摩擦，进而导致这些部位的羽毛脱落。

整体而言，尽管以部分羽毛磨损作为代价，但散养模式保证了油鸡的天性行为的表达，对于它们而言，这点“代价”或许可划分到“可有可无”的状态。

宰相肚里能撑船——肠道里的“乾坤世界”

2015 年 10 月 29 日　晴　12 ℃ /2 ℃

俗话说“宰相肚里能撑船”，如果将肠道放大来看，里面由微生物组成的“世界”可谓是多彩缤纷。近年来，肠道微生物的组成越来越受到人们的关注，这是由于它与宿主的健康和疾病密切相关（Clemente 等，2012）。同时，也有大量的研究表明，肠道微生物的移植对鸡也是有益处的。

影响肠道微生物种群的因素多种多样，其中，进食的食物种类以及饲养模式也是影响因素之一。在我们的实验中，笼养组就包括普通日粮组（LW）、加虫组（LC）和加虫加草组（LQ），此外还有加虫加草的散养组（SW）。

通过对散养组（SW）和笼养组（LQ）的肠道微生物 DNA 提取及比较分析，我们得出实验结果：长期的笼养，使得鸡肠道微生物群的 α 多样性降低，并导致鸡肠道微生物功能、脾脏基因表达存在延长作用，大多数微生物功能的途径（如细胞过程、环境信息处理、新陈代谢、机体系统以及疾病途径）下调。与笼养组（LQ）相比，散养组（SW）表现出更丰富的肠道微生物组成。

图 a 结果显示，散养组（SW）的 10 种主要微生物种类在门级与笼养组（LQ）类群相同，在类、目、科、属和种水平上相似。图 b 结果显示，各组的肠道微生物 α 多样性为：SW＞LQ＞LW＞LC。图 c 结果显示，散养组（SW）和笼养组（LQ）之间的 β 多样性存在显著性差异。

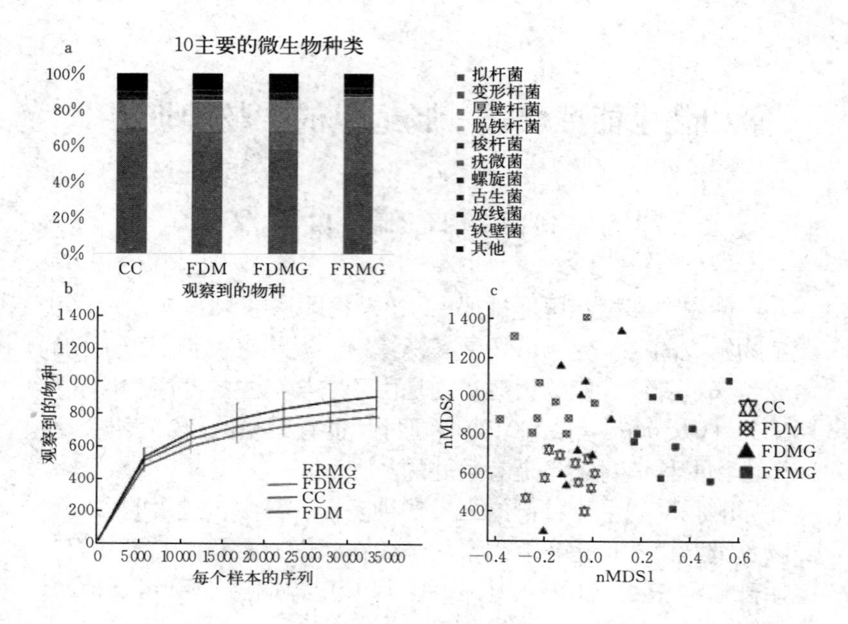

图片来源：Chen et al. 2019

图 a 显示了四个组别主要 10 种微生物种类。B 通过”观察到的物种”（observed species）方法得到的 α 多样性物种（微生物组成的丰富性：FRMG（加虫加草散养组）>FDMG（加虫加草笼养组）>CC（笼养组对照组）=FDM（加虫笼养组））显示各组肠道微生物群的丰富性。c 通过非度量多维标度（NMDS）显示 β 多样性（stress=0. 18）。

速度与激情：奔跑吧，油鸡！

2015 年 11 月 5 日　雨夹雪　11℃ /2℃

时隔 1 个月，我们再次回到绿多乐农场自从 10 月 9 日完成不同饲养模式对比的屠宰实验后，我们就将新形成的 6 个实验组交由农场代为饲养，今天距离上次开展饲养模式转换实验的时间，正好 30 天。

我们先到 3 个散养舍查看鸡群的情况，虽然在心中已经勾画过“蓝图”，不过没想到笼养转散养有公鸡组（SYLQ）的情况比我们想象的还要乐观，先前有大部分鸡走路困难的窘境已经大为改善，我们肉眼直观就能看到它们走路不再是一瘸一拐，反而“健步如飞”，比起原有的散养组，丝毫不逊色；羽毛颜色也加深了很多，变得更富有光泽。

只是最近天气阴雨连绵，转换组的油鸡似乎不懂得避雨，在室外的运动场采食时，常被雨水打湿羽毛，显得凌乱又脏兮兮；反观原来的两个散养组的油鸡，却很“爱惜羽毛”，不但羽毛没被打湿，还保持得整洁又干净。

另外，我们发现原先从散养有公鸡舍取出的 3 只公鸡，放进笼养转散养有公鸡组后，它们的精神状态也变得有点低沉，不知道是不是因为天气的缘故。

我们到了笼养舍，此时原先的笼养组只剩下加虫加草组（LQ），另外还有两组转换组——散养有公鸡转笼养组（LSY）和散养无公鸡转笼养组（LSW），后者的体型与转换之前有了肉眼可见的提升。虽然暂时判断不了差异的显著性，但相信经过体况评分的称重环节后，就可以了解比对数据了。

下午3点，我们开始为3个散养舍安装网线和录像设备，流程与10月的实验一致。因为最近温度降低，加上雨雪天气，主机和显示器都不能再像10月那次一样放置在露天环境，但10月时我们就考察过鸡舍内没有可以放主机的地方。考虑再三，最后还是决定把它们安置在鸡舍内，为了不被鸡群"打扰"，我们特地把它固定在一个较高的位置。我们找来了农场备用的鸡笼，将其竖立放置，并将主机安装在顶部。

散养无公鸡鸡舍（SW）和笼养转散养有公鸡舍（SYLQ）各安装了1台主机，而唯一的显示器则变成了"流动人员"，我们检查各舍的录像设备运作时都会带上它。

摄像头仍旧露天安装，我们照旧给它们戴上"浴帽"。

下午4点，我们将各组鸡蛋捡回并送往学校保存。晚上7点，使用DV为笼养舍的3个组（LQ、LSW、LSY）的油鸡做行为录像，每组6只。

"没有解决不了的问题""凡事多动动脑子""集思广益"等这些经典语句是我们团队队长赵兴波教授的"金玉良言"。拍摄过程中我们发现散养有公鸡转笼养组（LSY）的三脚架不够，灵机一动，想到用透明胶带替代的方法，用胶带将DV从屋顶垂下悬在半空，虽然调试过程稍微复杂，但确实有良好的效果。

另外，虽然已经和农场工作人员打过招呼，提醒他们不要在录像期间关灯和断电，不过还是担心他们会有误关的操作。于是我们又写了几张"请勿关灯"的字条贴在各舍的开关总闸处。

检查散养各舍的录像情况时，散养有公鸡鸡舍（SY）的一个摄像头似乎出了问题，拍摄的画面总是很朦胧，像有一层雾在笼罩。我们去镜头前试着用镜头纸擦拭，仍旧无效，最后猜想可能和戴着的"浴帽"相关。拿走浴帽后，镜头的录像果然清晰了。

冬天来了——快雪时晴

2015 年 11 月 6～7 日　雨夹雪　4 ℃ /1 ℃

今天的天气冷得吓人，我们去喂料时手都冻僵了，但是北京油鸡们的精神倒是变得更好了，可能是因为它们天生自带“羽绒服”，我们甚至能看到散养鸡们在积雪的地面上奔跑。

北京油鸡并不怕寒冷

除了准备实验用的塑料脚标，我们去检查各舍录像情况时，意外地发现因为网线问题，笼养转散养有公鸡组（SYLQ）只剩下一个摄像头能运作，庆幸的是其余两个散养舍均无问题。

下午 2 点，我们先为笼养舍的 3 个组（LQ、LSW、LSY）做体况评分，具体操作流程相信读者们比我们还熟悉——称重、拍照、录像和评分。俗话说“一回生，两回熟”，随着实验的进行，我们的工作效率越来越高。

晚上捡蛋时，我们发现笼养转散养有公鸡舍（SYLQ）的油鸡们仍旧很少主动回舍内休息，尽管晚上室外又冷又下着雨，它们集中团成一堆在墙角取暖，偶尔有小老鼠从身边经过也毫不在意——这倒不是因为它们胆子大，而是因为大多数禽类有“夜盲”的特性。与之相比的，原有的两个散养舍（SW、SY）的油鸡们都会主动回到舍内休息。

夜幕降临后，散养舍的油鸡们都能够主动回到舍内休息

第二天上午，我们忙于抢修网线，最终使 3 个摄像头可以正常运作，还有 1 个因为接线口的问题无法修好，虽然专门去了镇上购买网线水晶头更换，但没有效果，不过 3 个摄像头也足以完成录制工作，这也算是幸运吧。

中午 12 点用过午饭，我们开始为散养舍的 3 个组（SYLQ、SY、SW）做体况评分，流程也与之前一致。但因为雨雪天气，地面泥泞且湿滑，不适合将油鸡放在舍外做步态评分，因此我们换成了在舍内进行。

当进行到笼养转散养有公鸡组（SYLQ）的评分时，我们发现它们的体重比一个月之前更轻、体型更小，而从每天的剩余饲料反馈的数据，也能得知它们的采食量降低——不知道是不是因为不适应新饲养模式的缘故。

无论是散养舍还是笼养舍，舍内干燥的地面便于我们开展步态评分实验

实验进行时——有备无患

2015 年 11 月 8 日　阴转晴　10 ℃ /1 ℃

今天我们除了日常饲喂油鸡外，还要紧锣密鼓地准备着屠宰实验需要的试剂、仪器、设备等。

关于实验的预期结果，我们也设想过。虽然最后的录像会被回收，然后带回实验室分析，但通过长久以来对饲养模式转换实验的人工观察，我们也发现了不少有趣的现象。不同饲养模式下，笼养油鸡的啄羽行为次数更多，这可能是因为在笼养模式下，家禽的活动空间受到限制且无法接触到垫料或沙土，不能表达觅食行为，所以导致啄羽次数增加。Gibson 等（1988）报道也提到，散养模式下，当给予家禽垫料或其他材料时，它们会花更多的时间用于觅食。

在林下和草丛中觅食的北京油鸡（齐维天/摄）

刻板行为的产生也可能基于同样的原因，因为我们观察到笼养的油鸡们总是重复啄笼子的铁丝，而在散养油鸡身上我们从未看到类似的行为，这可能是因为散养模式下，北京油鸡的觅食行为得到了表达，而笼养组只能借由刻板行为来替代或补偿觅食行为的缺失。

当饲养模式转换后，我们观察到笼养转散养有公鸡组（SYLQ）的刻板行为几乎消失，在这两天的观察中也没有再次出现，这说明刻板行为是可以消除的。而交配行为的出现，虽然是加入公鸡的缘故，但也让我们见证了“柯立芝效应”的存在。最令人欣喜的是行走和觅食行为的表达，在转换后立刻就能呈现，最直观的现象莫过于一个月后这两种行为发生的次数更多了，而且也能够表达沙浴行为，这些意味着自然天性不会因为饲养模式而丢失，只要在条件允许的情况下依然能够再次表达。尤其是一个月后的体况评分中，我们发现它们的步态也有所改善。

转换饲养模式后，原先不能行走的笼养鸡现在已经能够正常行走（齐维天/摄）

反观转换成笼养模式的另外两组（LSW、LSY），在为它们做体况评分时，我们发现它们行走的姿势有些许蹒跚。虽然刻板行为并不多见，但如果饲养模式转换实验的时间再长一些，可能刻板现象会更加明显。这些都表明它们的福利水平在恶化。

伴鸡百日，终须一别

2015年11月9日　多云转阴　8℃ /2℃

距离上次做屠宰实验又过了一个月。有了上次的经验，加上昨天的准备工作比较到位，今天的屠宰工作比较顺利，屠宰量较大，各组全员屠宰（公鸡除外）。这次也仍与中国农业科学院的刘华贵老师的团队共同完成工作。

每组屠宰30只母鸡，流程也与先前一致，首先，按照编号屠宰采血，把采到的血样送到办公室使用血球仪分析；再从屠宰后的鸡胸肌、腿肌（右）、脑、脾脏、肠道内容物（盲肠、回肠）分别取样保存；最后，再由农科院团队接手剩下的工作。此外，还需要从各组收集30枚左右的鸡蛋，供刘华贵老师的课题组进行蛋品质检测。

这厢室外天寒地冻，那厢室内却是热火朝天。“战斗音乐”不可少，暖宝宝更是受欢迎。本来农场还专门为我们准备了“小太阳”取暖器，但考虑到屠宰取样温度过高可能会影响样品的保存，权衡再三，我们唯有放弃取暖器，改用暖宝宝。

等到实验结束，天已经黑了。打扫完卫生后，我们陆续回收了各鸡舍的数据线与录像设备。望着空荡荡的鸡笼与鸡舍，百感交集，近一年来的实验终于到了尾声，画下了一个圆满的句号。

寒冬落叶凋零，实验结束时鸡舍已空荡荡了

我们回想起以前喂料时，总有一只大胆不怕生的油鸡围在我们身边

实验进行时——井然有序

2015 年 11 月 16 日　多云　9 ℃ /2 ℃

从今天开始，我们将分工协作，完成溶菌酶测定，肠道微生物 DNA 提取、质控和送样，脾脏和腿肌样品的送交，行为分析，血清生化指标测定等工作。

回首，是近一年的相处

实验进行时——换位思考

2015 年 11 月 19 日　雨夹雪　5 ℃ /1 ℃

常言道“换位思考”很重要，如果是鸡的“换位”，又会出现怎样的“化学反应”呢？

为了进一步验证不同的饲养模式对鸡行为的影响，并探究能否结合饲养模式转换的方法，以达到在最大限度满足动物福利的目的，我们设置了油鸡的饲养模式转换实验（表 9）。

表 9　饲养模式转换前后笼养组行为的差异

项　目	笼养组^{BP}	笼养转散养有公鸡组^{RP}	笼养转散养有公鸡组^{AP}
行走（%）	—^{c}	4.49±1.60^{b}	7.77±3.08^{a}
觅食（%）	—^{c}	5.20±1.56^{b}	16.98±5.39^{a}
沙浴（%）	—	0.00±0.00	0.48±1.05
交配（%）	—^{b}	0.26±0.24^{a}	0.05±0.13^{b}
饮水（%）	6.87±3.17^{a}	0.99±1.05^{b}	0.79±0.64^{b}
采食（%）	36.23±10.62^{a}	2.98±1.79^{c}	12.84±7.58^{b}
修饰（%）	9.54±3.42^{b}	4.07±1.79^{c}	16.90±3.97^{a}
争斗（%）	0.00±0.00	0.11±0.20	0.16±0.32
啄羽（%）	0.75±0.46^{a}	0.06±0.12^{b}	0.59±0.57^{a}
刻板（%）	7.41±10.87^{a}	0.00±0.00^{b}	0.00±0.00^{b}
其他（%）	46.62±10.31^{b}	81.84±4.14^{a}	43.45±14.14^{b}

注：a、b、c 表示统计学上组间的差异（$P<0.05$）。

1. 差异显著（$P<0.05$）则以肩标不同字母表示。

2. 表格中数据以平均值±标准差表示。

3. 表格中数据为各行为次数占总行为次数的百分比。

4. BP 表示饲养模式转换之前的时期，数据来源于 275～278 日龄的行为观察记录；RP 表示饲养模式转换之后的反弹期，数据来源于 279～281 日龄的行为观察记录；AP 表示饲养模式转换之后的时期，数据来源于 309～312 日龄的行为观察记录。

笼养组转换为散养有公鸡模式后，行走、觅食行为在反弹期已经能够表达，与转换之前的时期相比较，反弹期和适应期这两种行为的频率均有显著性提高（P＜0.05），且呈现出显著性递增的趋势（P＜0.05），而沙浴行为只在适应期表达。此外，反弹期交配行为的频率显著性提高（P＜0.05），此后又下降至处于笼养条件时的水平（P＞0.05）。与转换之前的时期相比较，采食行为和修饰行为的频率均先在反弹期显著性降低（P＜0.05），之后又在适应期显著性提高（P＜0.05），且提高的程度均显著性高于转换之前时期和反弹期的水平（P＜0.05）。而饮水行为和刻板行为的频率在反弹期和适应期则显著性降低（P＜0.05），且在这两个时期互相比较时，则均无显著差异（P＞0.05）。此外，转换饲养模式后，刻板行为在反弹期就消失了。啄羽行为的频率在反弹期显著性降低（P＜0.05），但在适应期又回复至处于笼养条件时的水平。争斗行为在所有时期均无显著性变化（P＞0.05）表10和表11。

表10　饲养模式转换前后散养无公鸡组行为的差异

项　目	散养无公鸡组^{BP}	散养无公鸡转笼养组^{RP}	散养无公鸡转笼养组^{AP}
行走（%）	4.94±1.54^{a}	—^{b}	—^{b}
觅食（%）	11.35±4.39^{a}	—^{b}	—^{b}
沙浴（%）	2.37±2.34^{a}	—^{b}	—^{b}
交配（%）	—	—	—
饮水（%）	2.26±1.03^{b}	9.03±6.39^{a}	4.17±3.24^{ab}
采食（%）	14.71±5.90	17.82±10.62	22.69±19.88
修饰（%）	15.65±3.30	14.35±3.90	19.21±12.62
争斗（%）	0.02±0.05	0.00±0.00	0.00±0.00
啄羽（%）	0.15±0.14^{a}	0.00±0.00b	0.00±0.00^{b}
刻板（%）	0.00±0.00	0.00±0.00	0.00±0.00
其他（%）	48.56±13.01	58.80±12.41	52.55±19.04

注：a、b、c表示统计学上组间的差异（$P<0.05$）。

表 11　饲养模式转换前后散养有公鸡组行为的差异

项　目	散养有公鸡组BP	散养有公鸡转笼养组RP	散养有公鸡转笼养组AP
行走（%）	5.65±1.76[a]	—[b]	—[b]
觅食（%）	8.25±3.22[a]	—[b]	—[b]
沙浴（%）	1.30±1.88[a]	—[b]	—[b]
交配（%）	0.01±0.03	—	—
饮水（%）	1.87±0.98[b]	10.42±6.28[a]	7.18±4.50[a]
采食（%）	7.18±4.50[a]	16.20±8.61[ab]	21.76±7.38[a]
修饰（%）	15.15±2.84	14.35±8.85	16.90±6.43
争斗（%）	0.00±0.00	0.00±0.00	0.00±0.00
啄羽（%）	0.10±0.05[a]	0.00±0.00[b]	0.00±0.00[b]
刻板（%）	0.00±0.00	0.00±0.00	1.39±4.67
其他（%）	54.55±11.39	59.03±12.43	54.17±11.51

注：a、b、c 表示统计学上组间的差异（$P<0.05$）。

两组散养组转换为笼养模式后，行走行为、觅食行为、沙浴行为和交配行为均被剥夺，不能表达。与转换之前的时期相比较，散养无公鸡组转换为笼养模式后，饮水行为的频率在反弹期显著性提高（P＜0.05），但反弹期和适应期之间无显著性差异（P＞0.05），转换之前时期和适应期之间也无显著性差异（P＞0.05）；散养有公鸡组转换为笼养模式后，饮水行为的频率变化与散养无公鸡组转换后的情况类似，但在适应期，其饮水行为的频率显著性高于转换之前（P＜0.05）。此外，在散养无公鸡转笼养组采食行为在所有时期均无显著性变化（P＞0.05）；而散养有公鸡转笼养组采食行为的频率则在适应期显著性提高（P＜0.05）。啄羽行为的变化在两组散养转笼养组中表现得一致，均在反弹期和适应期消失。与散养无公鸡转笼养组相比，有且只有散养有公鸡转笼养组在适应期出现了刻板行为。两组散养转笼养组的修饰行为和争斗行为在所有时期内均无显著性变化（P＞0.05）。

饲养模式转换后，笼养转有公鸡散养组的交配行为在反弹期间显著性提高，这是因为新群体（笼养转散养有公鸡组：母鸡30只，公鸡3只）刚开始组建时，新的公鸡加入后，会与母鸡进行交配，而到了适应期，交配行为的频率则又降至转换之前的水平。两组散养转笼养组，前后的交配行为均无显著性变化，这也再次证明，在行为上，公鸡的存在对鸡群的福利水平影响甚微。笼养转散养有公鸡组的行走行为和觅食行为在反弹期间就能够立即表达，且与转换之前的时期相比较，反弹期和适应期这两种行为的发生的次数表现为显著性提升，这说明即使长期笼养模式剥夺了鸡的部分行为，一旦回归到散养模式，这些行为仍能表达，也意味着天性行为不会因为遭受剥夺而丢失。然而，沙浴行为只在适应期间出现，这可能是与“反弹效应”相关。大量研究表明，不同物种在行为上均存在“反弹效应”，且当行为被剥夺后再给予表达的机会时，该行为的频率会有大幅度提升（Hole，1991；De Jong 等，2013；Rushen 等，2014）。

鸡群之间能互相认知，在一群已经建立起稳定的群居次序的鸡群中，每只鸡都懂得自己在群居次序的位次（Maier，1964；Syme 等，1983；Bradshaw，1992）。饲养模式转换后，新的群体建立，理论上鸡群会立即通过争斗行为来建立新的啄序以确立社会地位（Schjelderup－Ebbe，1922；Rushen，1985；D'Eath 和 Keeling，2003）。

笼养转散养有公鸡组（SYLQ），其转换之前的笼养时期，啄序过于简单，只局限于上、下、左、右鸡笼的个体的认知，而转换饲养模式之后，相当于重新组建新群体，因此，需要重新通过啄羽、争斗等行为来确立新的啄序。反观两组散养转笼养组，在之前的散养模式下已然建立起稳定的啄序，转换饲养模式后，也是从原先所在的散养组中各随机选择30只母鸡个体投放进笼子内，形成散养无公鸡转笼养组和散养有公鸡转笼养组，每个笼子2只个体，个体之间能互相认知，几乎不需要再进行激烈的争斗来建立啄序，因此，争斗行为很少，在反弹期和适应期间几乎观察不到。

家禽的行为与其活动空间密切相关（Dawkins 和 Hardie，1989），当饲养密度过高时，个体获得空间不足，从而导致啄羽行为次数增加（汤建平等，2011），转换饲养模式后，笼养转散养有公鸡组的饲养密度降低，其啄羽行为发生次数在反弹期也显著降低，这与以前的研究结果一致（Huber - Eicher 和 Wechler，1997；Gibson 等，1988）。此外，啄羽行为需要以正常行走为前提，笼养鸡长期被关在笼子里，腿部健康状况恶化（Mench，2004），反弹期仅有三天，在这么的短时间内不能自由行走，行走行为结果也证实了这一点，反弹期因为腿部问题不能行走而导致啄羽行为发生的次数显著降低；到了适应期，笼养转散养有公鸡组的啄羽行为又显著提升至饲养模式转换之前的水平，结合这一时期的行为观察，通过与两组原散养组对比可知，此时该组已能正常行走，啄羽行为也不再受行走的限制，因此，认为适应期啄羽行为显著提升，可能是以往长期的笼养所造成异常行为的影响还没有完全消除。至于两组散养转笼养组，在反弹期和适应期间均未观察到啄羽行为，这可能是由于为期一个月的转换饲养模式的时间还不足以使它们产生啄癖。

过去有研究表明，散养模式可以提高动物福利（Mason，1991；Broom，1991），我们的实验结果显示，当笼养模式转换为散养模式之后，其刻板行为在反弹期就立即消失了，且在适应期也没有出现，这说明动物福利水平提升，也证明笼养模式下形成的异常行为可以通过改变饲养模式消除。也有研究显示，当动物行为被剥夺一段时间之后，动物会产生刻板行为（Wiepkema，1984）。然而两组散养组转换为笼养模式后，在反弹期间均未出现刻板行为，而在适应期间仅散养有公鸡转笼养组出现刻板行为，这说明经过为期一个月时间的笼养也能形成异常行为。

士别三日，当刮目相看

2015 年 12 月 17 日　晴　4 ℃ /−7 ℃

转眼间，新的体况评分结果也出来了，我们对转换组的前后状况进行了对比分析。

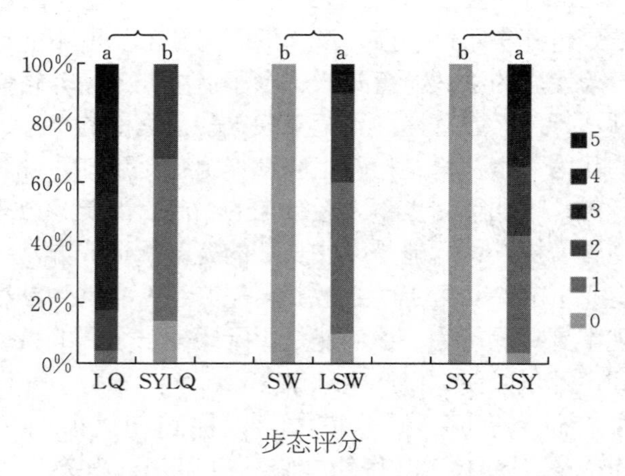

步态评分

步态评分的结果很好地验证了我们的预测，笼养组（LQ）在转换为笼养转散养组（SYLQ）后，经过一个月的适应时间，步态有了显著性的好转，结合行为观察，笼养转散养组的行走行为的频率也与普通的散养组无显著性差异；反观两组散养组（SW、SY），转换为散养转笼养组（LSW、LSY）后，步态则出现恶化。

经过一个月的转换时间，笼养组（LQ）和散养无公鸡组（SW）的鸡脚灼伤程度显著性降低，而散养有公鸡组（SY）则

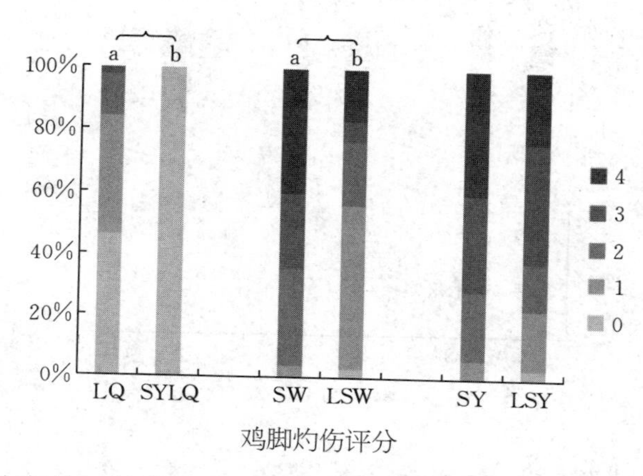

鸡脚灼伤评分

无显著性变化，这与 10 月的评分结果有很大的差异。为了找出原因，我们通过工作日志追溯，认为这可能与 11 月的天气有关。10 月时，秋高气爽，地面较为干燥，所以散养模式下，油鸡喜欢到户外活动；而到了 11 月，北京下起了雪，地面经常阴冷湿润，油鸡不愿意出户外而选择待在室内温暖的发酵床上。

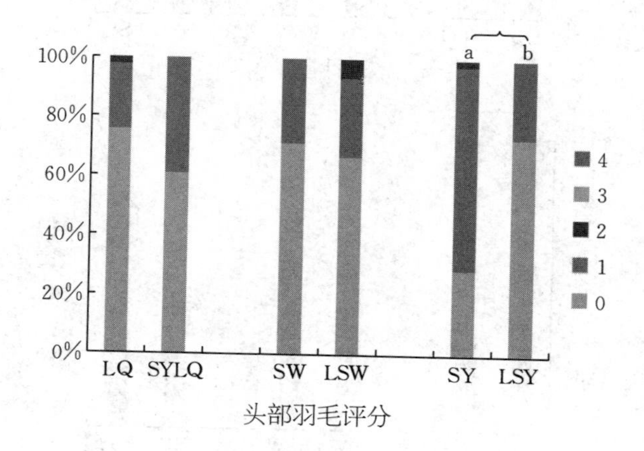

头部羽毛评分

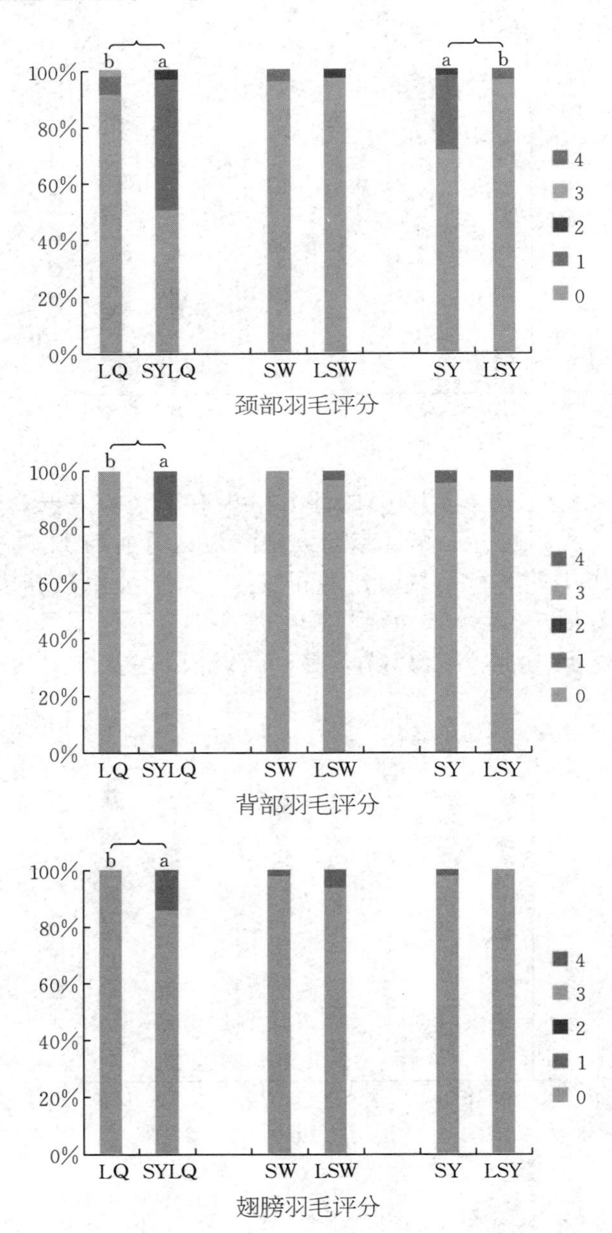
b
a
a
b
100%
80%
60%
40%
20%
0%
LQ
SYLQ
SW
LSW
SY
LSY
4
3
2
1
0
颈部羽毛评分
b
a
100%
80%
60%
40%
20%
0%
LQ
SYLQ
SW
LSW
SY
LSY
4
3
2
1
0
背部羽毛评分
b
a
100%
80%
60%
40%
20%
0%
LQ
SYLQ
SW
LSW
SY
LSY
4
3
2
1
0
翅膀羽毛评分

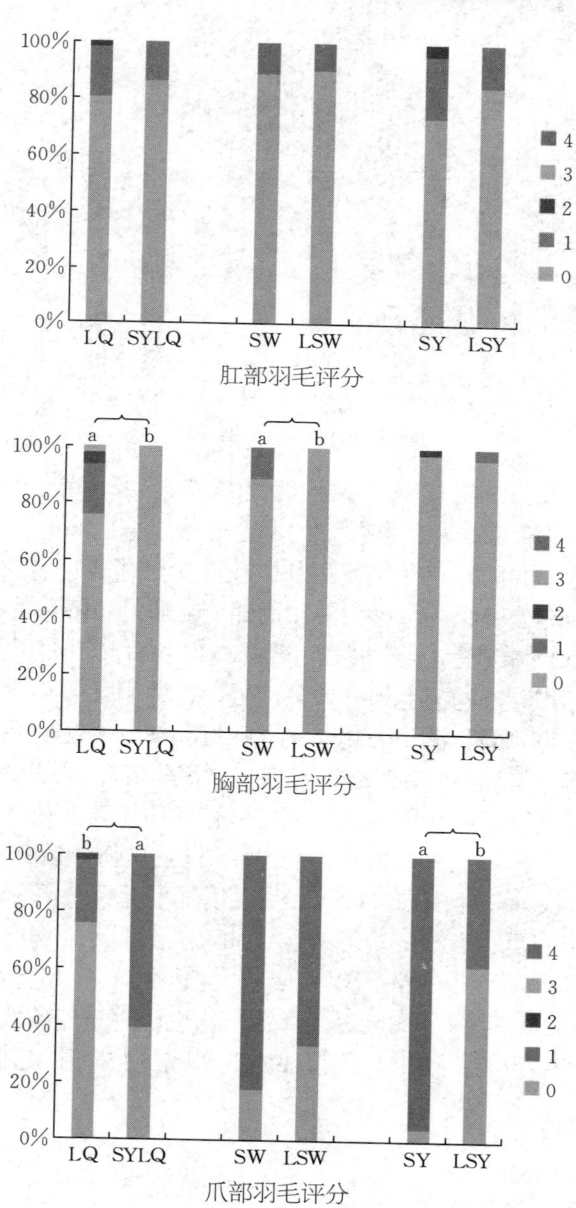
100%
80%
60%
40%
20%
0%
LQ
SYLQ
SW
LSW
SY
LSY
4
3
2
1
0
肛部羽毛评分
a
b
a
b
LQ
SYLQ
SW
LSW
SY
LSY
胸部羽毛评分
b
a
a
b
LQ
SYLQ
SW
LSW
SY
LSY
爪部羽毛评分

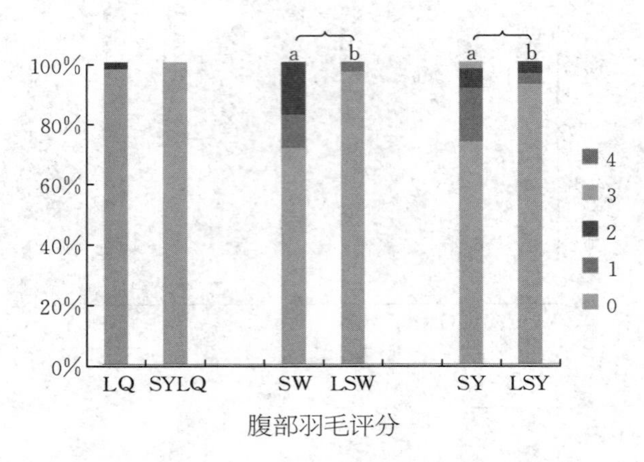

腹部羽毛评分

散养有公鸡组（SY）转换为笼养模式（LSY）之后，即脱离了公鸡的存在，头部和颈部的羽毛评分显著性降低，这表明其头部和颈部的羽毛正在恢复生长，反向验证了10月“公鸡存在造成散养有公鸡组的母鸡头部和颈部羽毛质量下降”的假设；笼养组（LQ）转换为散养模式（SYLQ）之后，添加了公鸡的存在，颈部和背部的羽毛评分显著性提高，说明颈部和背部羽毛掉落严重，也侧面验证了公鸡存在导致母鸡部分部位羽毛损伤。

笼养组（LQ）转换为散养模式（SYLQ）后，爪部羽毛评分显著性提高，结合行为观察可知，转换后笼养油鸡能够表达行走、觅食、沙浴这些行为，导致爪部羽毛损伤；散养有公鸡组（SY）转换为笼养模式（LSY）后，爪部羽毛评分降低，也侧面证明行走、觅食、沙浴等行为导致油鸡爪部羽毛损伤。

两组散养组（SW、SY）转换为笼养模式（LSW、LSY）后，腹部的羽毛评分均显著性降低，这也说明笼养条件限制了油鸡进行沙浴行为，使得油鸡腹部的羽毛减少磨损并得到了恢复。

留 得 青 山 在

2015 年 12 月 24 日　晴　6 ℃ /−6 ℃

北京油鸡在 140 日龄左右就接近性成熟，通常情况下不会养至一年，但部分情况下可以考虑留作种鸡。

留作种用的鸡，无论是散养模式的自然交配还是笼养模式的人工授精，都需要经过认真、合理的筛选。从原种鸡群中选种公鸡时，主要依据系谱来源、直系及旁系亲属的生产性能的评定结果、后裔品质的测定结果、个体的体况评分、家系死淘记录等有效可靠的数据统计资料，所以一般对种公鸡的选择是比较可靠的；而在祖代、父母代种鸡场饲养的鸡群中，由于没有可以用来作为选种参考的数据，所以只能在不同阶段根据公鸡的外部状态、健康情况进行选种（马任骝，1990）。

第一阶段选种时，在孵化出雏进行雌雄鉴别后，对生殖器发育明显、活泼好动且健康状况良好的小公雏进行选留。

第二阶段选种时，通常在公鸡育雏达到 6～8 周龄，主要选留那些体重较大、鸡冠鲜红、龙骨发育正常（无弯曲变形）、鸡腿无疾病、脚趾无弯曲的公鸡作为准种用公鸡，淘汰外貌有缺陷，如胸骨、腿部或喙弯曲、嗉囊大向下垂、胸部有囊肿、胸骨弯曲的公鸡。对体重过轻和雌雄鉴别误差的公鸡亦应淘汰。公母选留比例 1∶8～1∶10。

第三阶段选种时，在 17～18 周龄时（肉用种鸡可推迟 1 周），在准种用公鸡群中选留体重符合品系标准的，选留体重在全群平均体重的标准化离均差范围内的公鸡。选留鸡冠肉髯发育较大且颜色鲜红、羽毛生长良好、体型发育良好、腹部柔软、按摩时有性反应，例如翻肛、交配器勃起和排精，这类公鸡以后会有较好的生活力和繁殖力，公母选留比例为1∶10～1∶15（自然交配），如做人工授精公母比例为1∶15～1∶20。

第四阶段选种（主要用于人工授精的种鸡场）时，在20周龄时（中型蛋鸡和肉用型可推迟1～2周），主要根据精液品质和体重选留。通常，新公鸡经7天左右按摩采精便可形成条件反射。选留公母比例可达1∶20～1∶30。在21～22周龄，对公鸡按摩采精反应在90%以上的是优秀和良好的，10%左右的则为反应差、排精量少或不排精的公鸡，对此类公鸡应继续补充训练。经过一段时间，应淘汰的仅为少数，约占总额的3%～5%。若全年实行人工授精的种鸡场，应留有15%～20%的后备公鸡用来补充。

在选种过程中，体重太小、鸡冠发育不明显、龙骨生长弯曲、胸部有囊肿、偏胸、歪喙、腿部有疾病、脚趾有缺陷或残疾、没有性反应的公鸡都应淘汰。

选种之后，还需要合理地利用种公鸡。部分原种场为了充分利用种用价值高的优秀公鸡，会适当延长其使用年限。一些祖代场、父母代场的种公鸡则与母鸡一样，采用一个生产周期的全进全出制。有时由于生产需要，会对种鸡群进行人工强制换羽，但应注意进行强制换羽是不对的，因为会影响受精率。两年龄母鸡最好用青年公鸡与之交配或人工输精，以保证有较高的受精率。

用于人工授精的种公鸡的利用制度取决于公母鸡的比例、鸡群的大小、精液品质以及人力的安排等因素。公鸡少、母鸡多，或公鸡精液品质差，公鸡采精的次数就要增多，人力需要量也会变大。要注意的是采精频率对公鸡的射精量和精子浓度有一定的影响，但不影响精子的活力和受精率，隔天采精一次的公鸡射精量最高，每周使用一次的公鸡精液中的精子浓度最高。

公鸡和母鸡的年龄对繁殖力都有影响，只有当公鸡、母鸡处于同样的性活动状态，才能有较高水平的受精率，如果母鸡产蛋率很低，则受精率也不会高。母鸡的产蛋量随年龄的增长而下降，第一年产蛋最高，第二年比第一年下降15%～25%，第三年下降25%～35%。利用年限一般1～2年，育种场的优秀母鸡可使用2～3年。

参 考 文 献

1. 李明辉．鸡种蛋孵化的温度控制［J］．中国畜禽种业，35－36.
2. 向海．利用古代 DNA 信息研究家鸡起源驯化模式［D］．中国农业大学，2015（博士论文集）.
3. 王铭农．中国家鸡的起源与传播［J］．中国农史，1991（4）：43－49.
4. 李全儒．人工孵化中母鸡叫声对孵化率的影响［J］．中国畜牧杂志，1985（3）.
5. Craig J V，Baruth R A. Inbreeding and social dominance ability in chickens［J］. Animal Behaviour，1965，13（1）：109－113.
6. 吴素琴．公鸡群居地位的建立及行为观察［J］．畜牧与兽医，1983（4）.
7. Pusey A E，Packer C. The ecology of relationships［J］. Behavioural ecology：An evolutionary approach，4th ed：254－283.
8. Guhl A M. The development of social organization in the domestic chick［J］. Anim. Behav，1958，6：92－111.
9. 胡国琛．漫谈鸡的群居次序［J］．养禽与禽病防治，1982（3）.
10. 盛和林．黄鼬功大过小［J］．大自然，1983（3）.
11. 李尚伟，文建军，刘世贵等．石斑鱼性反转相关基因 ECaM 的克隆及表达特征分析［J］．生物化学与生物物理进展，2005，32（2）：147－153.
12. 蒋志刚．动物行为学方法［M］．北京：科学出版社，2012：43.
13. Liere D W V，Bokma S. Short－term feather maintenance as a function of dust－bathing in laying hens［J］. Applied Animal Behaviour Science，1987，18（2）：197－204.
14. Huber－Eicher B，Wechler B. Feather pecking in domestic chicks：its relation to dustbathing and foraging［J］. Animal Behaviour，1997，54：757－768.

15. Arnould C，Bizeray D，Faure J M，et al. Effects of the addition of sand and string to pens on use of space，activity，tarsal angulations and bone composition of broiler chickens [J]. Animal Welfare，2004，13：87－94.
16. Smith K L L，Zielinski S L. Brainy bird [J]. Scientific American，2014，310（2）：60－65.
17. Furuta Y，Hogan B L M. BMP4 is essential for lens induction in the mouse embryo [J]. Genes & Development，1998，12（23）：3764.
18. Michel V，Prampart E，Mirabito L，et al. Histologically－validated footpad dermatitis scoring system for use in chicken processing plants [J]. British Poultry Science，2012，53（3）：275－281.
19. Shimmura T，Ohashi S，Yoshimura T. The highest－ranking rooster has priority to announce the break of dawn [J]. Sci Rep，2015，5：1－9.
20. 余佳胜．鸡啄癖的防治 [J]．中国兽医杂志，1996（9）：21－21.
21. 黄炳堂．蛋鸡产软壳蛋的原因及其对策 [J]．饲料博览，1993（3）：38.
22. 王永芬，席磊，赵亚军等．栖架式舍饲散养模式对蛋鸡行为与鸡舍环境的影响 [J]．西北农林科技大学学报（自然科学版），2017，45（1）：21－27.
23. Appleby M C，Hughes B O，Hogarth G S. Behaviour of laying hens in a deep litter house [J]. British Poultry Science，1989，30：545－553.
24. Mench J，Keeling L J. The social behaviour of domestic birds [M]. Wallingford：CABI Publishing，2001：177－209.
25. 姜旭明，齐智利，齐德生等．不同饲养方式对肉仔鸡健康状况和行为的影响 [J]．动物营养学报，2009，21（2）：160－164.
26. 刘双喜．鸡的沙浴行为 [J]．中国家禽，1986（3）.
27. 赵芙蓉，李保明，赵亚军等．笼养密度对肉仔鸡行为的影响及其与胸囊肿发生率的关系 [J]．中国农业大学学报，2007，12（5）：61－66.
28. 蒋志刚．动物行为原理与物种保护方法 [M]．北京：科学出版社，2004.
29. Okpokho N A，Craig J V. Fear－related behavior of hens in cages：effects of rearing environment，age and habituation [J]. Poultry Science，1987，66（2）：376－377.

30. Hughes B O, DuncanI J H. The notion of ethological ‘need’, models of motivation and animal welfare [J]. Animal Behaviour, 1988, 36 (6): 1696 - 1707.
31. Schjelderup - Ebbe T. Beiträge zur sozialpsychologie des haushuhns [J]. Ebbe, 1922.
32. Rushen J. Explaining peck order in domestic chickens [J]. Bird Behavior, 1985, 6 (1): 1 - 9 (9).
33. D'Eath R B, Keeling L J. Social discrimination and aggression by laying hens in large groups: form peck orders to social tolerance [J]. Applied Animal Behaviour Science, 2003, 84 (3): 197 - 212.
34. Sambraus H H. Abnormal behavior as an indication of immaterial suffering [J]. International Journal for the Study of Animal Problems, 1981, 54 (4): 234 - 242.
35. Dawkins M S. Behaviour as a tool in the assessment of animal welfare [J]. Zoology, 2003, 106 (4): 383 - 387.
36. Ladewig J. Of mice and men: improved welfare through clinical ethology [J]. Applied Animal Behaviour Science, 2005, 92 (3): 183 - 192.
37. Gibson S W, Dun P, Hughes B O. The performance and behaviour of laying fowls in a covered strawyard system [J]. Research & Development in Agriculture, 1988, 5: 153 - 163.
38. Mason G J. Stereotypies: a critical review [J]. Animal Behaviour, 1991, 41 (6): 1015 - 1037.
39. Jensen P. Ethology of domesticated animals: an introductory text [M]. Wallingford: CABI Publishing, 2002.
40. 杜炳旺，张凯谦，周青云等．自别系肉鸡公母分群与混群饲养试验 [J]. 养禽与禽病防治，1990 (5).
41. Clemente, J. C.; Ursell, L. K.; Parfrey, L. W.; Knight, R. The impact of the gut microbiota on human health: An integrative view. Cell 2012, 148, 1258 - 1270.
42. Hole G. The effects of social deprivation on levels of social play in the laboratory rat Rattus norvegicus [J]. Behavioural Processes, 1991, 25 (1): 41 - 53.

43. De Jong I，Reuvekamp B，Gunnink H. Can substrate in early rearing prevent feather pecking in adult laying hens? [J]. Animal Welfare，2013，22 (3)：305 - 314.
44. Rushen J，Passillé A M D. Locomotor play of veal calves in an arena：are effects of feed level and spatial restriction mediated by responses to novelty? [J]. Applied Animal Behaviour Science，2014，155：34 - 41.
45. Maier R A. The role of the dominance - submission ritual in social recognition of hens [J]. Animal Behaviour，1964，12 (1)：59.
46. Syme G J，Syme L A，Barnes D R. Fowl sociometry：social discrimination and the behaviour of domestic hens during food competition [J]. Applied Animal Ethology，1983，11 (2)：163 - 175.
47. Bradshaw R H. Conspecific discrimination and social preference in the laying hen [J]. Applied Animal Behaviour Science，1992，33 (1)：69 - 75.
48. Dawkins M S，Hardie S. Space needs of laying hens [J]. British Poultry Science，1989，30：413 - 416.
49. 汤建平，常文环，蔡辉益等．肉鸡饲养密度研究进展 [J]. 中国家禽，2011，33 (20)：40 - 43.
50. Mench J A. Lameness，measuring and auditing broiler welfare [J]. Measuring & Auditing Broiler Welfare，2004 (3)：3 - 17.
51. Broom D M. Animal welfare：concepts and measurement [J]. Journal of Animal Science，1991，69 (10)：4167 - 4175.
52. Wiepkema P R. Proceedings of a workshop held in Rostin [J]. CEC Scotland，1984：62 - 79.
53. 马任骝．肉鸡种公鸡选择新方法 [J]. 中国畜牧兽医，1990 (3)：12 - 13.

问 卷 调 查

1. 您认为散养鸡比笼养鸡的鸡蛋和鸡肉在口味方面更好吗？

A. 有　　B. 不确定　　C. 没有　　D. 都一样

2. 您认为散养鸡与笼养鸡鸡蛋在营养价值上有差异吗？

A. 有　　B. 不确定　　C. 没有　　D. 都一样

3. 目前，抗生素在蛋鸡的使用存在一些问题，您认为在蛋鸡饲养中抗生素的添加方式哪种更合适？

A. 不添加抗生素，任其自生自灭

B. 使用但无残留

C. 允许少量残留，人体食用畜产品后无害

D. 使用其他中药类药物替代

4. 您是否会选择购买动物福利产品，是否愿意为按照动物福利生产的鸡蛋而支付更高的金额？

A. 非常愿意　　B. 愿意

C. 不愿意　　D. 不确定

5. 您愿意付多少钱购买动物福利产品，如果笼养鸡蛋 1 元一个，您愿意付散养鸡蛋多少钱？

A. 1.5 元　　B. 2～3 元　　C. 3～5 元　　D. 5 元以上